U0072183

木曜日

物理化學常識知多少!

Chapter 1

物理常識篇

物質的狀態究竟有多少種 008
為什麼冰總是結在水的表面 012
在月球上，人究竟能跳多高 014
各式各樣的彈簧都能夠發揮什麼作用 017
速度是一把「雙刃劍」 021
在高壓下物質會發生什麼意想不到的變化 023
水滴入熱油裡為什麼會濺起來 026
為什麼火焰的方向總是朝上 028
為什麼膠合板的層數都不是雙數 030
水蒸氣分子間距離比水大，為何反而不透明 032
為什麼潮濕的空氣比乾燥的空氣輕 034
體溫計的水銀柱為什麼需要用力甩下 035
無線電波能在水下傳播嗎 036
蛇為什麼會聽到暴風雨要來的聲音 037
為什麼人們都討厭噪音 040
寺廟裡的磬為什麼會不敲自鳴 043
消音裝置為什麼不會產生爆音 047

奇妙的聲音反射現象 049
隧道裡為什麼常常用橙黃色的燈 051
為什麼絕大多數容器都製成圓柱形 052
疊放在一起的玻璃為什麼變得不透明了 054
為什麼飛機逆風起飛更快、更有利 056
風箏是怎樣飛上天的 058
幾種奇妙的地溫計 059
茅屋上的稻草是怎樣被風刮走的 062

Chapter 2

化學知識篇

人們對於化學元素的認識歷程 066
有趣的化學元素名稱 071
《天工開物》中的豐富化學知識 073
組成物質的基本粒子有哪些 076
有趣的化學元素之最 079
什麼是複合材料 083
塑膠是怎麼被發明的 085
多姿多彩、用途廣泛的玻璃 088
玻璃怎麼會變得與鋼鐵一樣硬 092
未來的材料世界屬於現代陶瓷 094
怎樣才能得到人造寶石 098
有特殊性能的合金材料 101
防止噪音的最有效的方法 104
鐵為什麼會生銹 106
不銹鋼為什麼不易生銹 108
煙火為什麼能產生絢麗的顏色 110
自然界的五色土是怎樣形成的 112

變色鏡片的奧祕 114
為什麼酒越陳越醇香可口 117
糖為什麼有甜味 119
生活中無處不在的酸 121
為什麼說碳 14 是生命的時鐘 126
能不能把油和水溶在一起 130
毒品對身體的嚴重危害 133
吸菸對人體健康的危害 137
對人體危害較大的室內主要污染源 142
人類最初對火的應用 145
奇特的燃燒現象 147
不污染空氣的燃料 150
怎樣針對不同的火災選用和使用滅火器 152
幾種常見的致癌物質 156
認識和瞭解化學武器 158

Chapter 3

實用生活篇

磁碟分區格式的種類及特點 166
電子郵件地址中的 @ 是什麼意思 171
電磁爐的性能和特點 173
用保溫杯泡茶好不好 174
黃金「K」字的意思 175
為什麼筆桿上往往有一個小孔 176
為什麼汽車後面的窗子是不能打開的 178
高速公路為什麼不是筆直的 179
億以上的計數法 181
新鮮空氣鮮在哪裡 183
瓜果的簡易消毒法 185
怎樣對症下藥去除污漬 187
人為什麼離不開食鹽 191
鐵對青少年的健康有什麼影響 194
怎樣才能更好的保持蔬菜的營養 198
日常食物的組合禁忌應注意什麼 201
蛋黃與蛋白哪個更有營養 203

CHAPTER 1

物理常識篇

物質的狀態究竟有多少種

物質有「三態」，那就是「氣體、液體、固體」，這似乎已經成為人之常識了，可是，對於現代人來說，這種觀念已經過時了——隨著時代的發展，物質的狀態也更加細化了，現在，物態就不下於十幾種。

首先，「氣體、液體、固體」三態仍然是物質宏觀下最明顯的狀態。就以水來講，水僅僅是在0℃～100℃之間，如果低於0℃，水就變成固態的冰，而高於100℃，水又變成氣態的水蒸氣。再以氫氣來講，常溫下是氣態，但當溫度為－253℃時，便變為液態氫，當溫度再低到－259℃時，則變為固態氫。

但是，如果按其內部分子結構來細分的話，氣態中還包含有等離子態，液態中還包含有超流態，固態中還包含有晶態、液晶態、玻璃態、超導態和金屬氫態，等等。

等離子態是指氣體溫度升高到幾千度或幾萬度以後，分子或原子失去電子成為帶正電的離子，脫離原子核束縛的電子成為自由電子。這種電離氣體就是等離子態。在自然界有天然的等離子層，它能保護我們地球上的生物不受宇宙中帶電粒子的侵害。人們也可以製造人工等離子體，如等離子體切割、等離子體噴塗、等離子狀態下的輝光放電，等等。

超流態是指在極低溫度下，在絕對溫度 4K 以下，對於液態氦有一種特殊的性能，它的黏滯性完全消失，從而可以沿管壁或容器壁面向上流動以至流到外面，這就是奇特的超流態。

至於晶態、液晶態和玻璃態，則是以原子的規則性、對稱性、週期性的差異來區分的。晶態是指物質呈結晶形狀出現的，每種結晶態物質都有固定的結晶結構，如水晶呈稜錐形，方解石呈平行六面體形，雪花呈六角形，等等。有的物質永遠沒有結晶體，如玻璃、瀝青，它的內部結構更像液體，稱玻璃態。還有一些物質，主要是一些有機物質，介於液態和晶態之間，尤其具有晶體的光學性質，稱液晶態。

固態中比較特殊的是超導態和金屬氫態。超導態是指有些金屬在接近絕對零度時呈現電阻消失的狀態。目前人們又開始製造高溫超導材料，使一些人工製造的化合物在較高的溫度下也呈現超導現象。

另外金屬氫態是氫氣所固有的一種狀態，當氫氣處在非常巨大的壓力下，則可以變成固態，而且這時的固態氫具有金屬的特性。

人們在對宇宙中星球的觀測中又發現一種質量很大、體積很小的恆星，叫白矮星，這對物質有可能存在的狀態又有所啟迪。於是，人們認為當物質在高溫高壓下，可以使原子核高度緊密的擠在一起，呈現出很大的密度，這時物質的狀態稱超固態。如果繼續加高溫度、加大壓力，使原子核外部的電子擠進質子，使質子不帶

電荷；物質全部成為中子的狀態，這時的物質又稱為中子態。如果再加大壓力，又會出現超子態、黑洞，等等。

相反，高密度物質的相反狀態，低密度低到真空的狀態，甚至認為真空是一種「負能量」粒子的空間，又形成了真空態。與此相關聯的各種場，如電場、磁場、引力場，也是物質的一種狀態。

自從粒子物理發展以來，人們知道，大多數基本粒子都存在有電性相反或自旋相反的所謂反粒子，因此，由反粒子組成的物態將與上述正粒子形成的物態一一對應，這又是一大串的反物質態。

由此說來，物質到底有幾態呢？

讓我們再回顧一遍，就可以數出來了，它們是：氣態、液態、固態、晶態、液晶態、玻璃態、等離子態、超導態、超流態、金屬氫態、超固態、中子態、超子態、黑洞、真空、場、反物質態，等等。

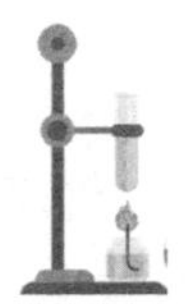
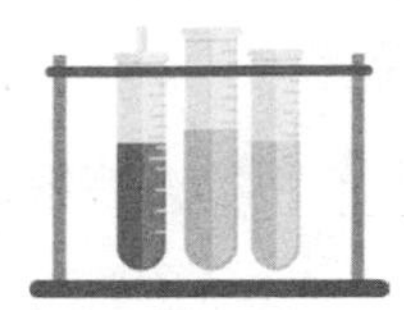

為什麼冰總是結在水的表面

大多數物體都是熱脹冷縮的。水在4℃以上的時候，也是熱脹冷縮，但是當它在4℃以下的時候，溫度愈低，它的體積反而膨脹，直到結成冰為止。

由於膨脹，冰就比同體積的水要輕一些。因此，冰總是浮在水面上，而且總是水面上先結冰。

應該說，冰的這種怪脾氣，對人類是很有好處的。要是冰和別的物體一樣，也是熱脹冷縮的話，那麼，天一冷，水面上結成的冰會不斷向下沉，到了最後，江河、湖泊裡的水，會連底凍起來。

寒冷的冬天，河面上往往結著很厚的冰，人們可以

在上面走路或進行滑冰運動。但在冰下面的水裡，魚和蝦照樣能游動。為什麼魚蝦不會被凍死呢？這就是由於4℃的水保護了它們。

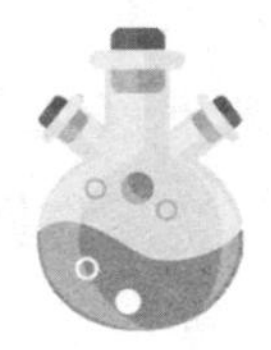

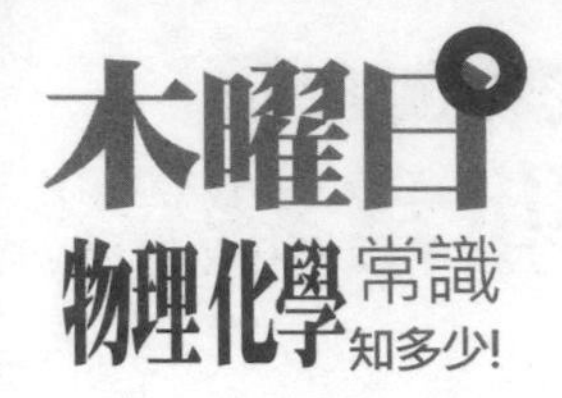

在月球上，人究竟能跳多高

地球上的物體都有重量，這是我們經常感覺到的。當我們舉起一塊大石頭，覺得它很重；當我們撿起一片羽毛時，就覺得它很輕。「輕」和「重」似乎是物體的一種固有的特性。但是事實上，它們根本不是固定的。

如果你的體重是 60 公斤，當你飛到離地球 6500 公里高的地方，體重就只有 15 公斤了。你相信這一點嗎？這個原因是眾所周知的。所有的物體對其他物體都有一個自然的引力。在地球上，物體的重量，就是表示地球對物體的吸引力。兩個物體之間的距離越大，它們之間的吸引力就越弱，當你飛到 6500 公里的高空，你距地

心就是 13000 公里了，等於原來你站在地球表面時距離的 2 倍。科學家告訴我們，引力與距離的平方成反比，因此地球對你的引力只為原來的四分之一，於是你的體重就只有 15 公斤了，可見重量並不是物體的固有屬性。

如果你登上月球，地球對你的引力大約是地面上引力的四十分之一。但是，另一方面，月球對你也有了引力，月球的質量比地球小，它只是地球質量的萬分之一。科學家又告訴我們，一個物體產生引力的大小，取決於它的質量。在月球上你所受月球的引力是在地面上你所受地球引力的六分之一，因此你的體重就只有 10 公斤了。

你若在月球上跳高，那一定會感到十分輕鬆。假定你的身高將近 2 公尺，在地球上你能跳過自己的身高，那麼在月球上你能跳多高呢？你也許會認為跳過 12 公尺沒有問題，因為地球吸引力是月球吸引力的 6 倍嘛！但這個結論可不正確。實際上，即使從理論上進行計算，你也僅能跳過 6 公尺多一點。因為你在地球上跳過 2 公尺，實際上你僅把你身體的重心提高 0.85 公尺左右，也就是說，你用腿的彈跳力把身體提高了 0.85 公尺。到了月球上，你仍用那麼大的彈跳力，你就能把身體重心提高 0.85X6 ＝ 5.1（公尺），加上原來的重心高 2 － 0.85 ＝ 1.15（公尺），5.1 ＋ 1.15 ＝ 6.25（公尺）。

因此，在月球上你會跳過 6.25 公尺，而絕不是 12 公尺。雖然如此，這個跳高紀錄也大大的超過地球上的跳高世界紀錄。

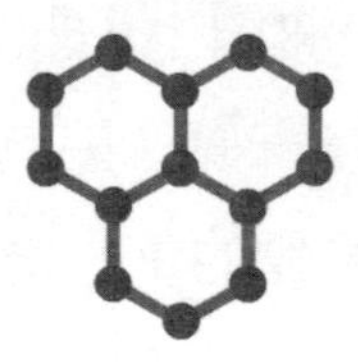

各式各樣的彈簧都能夠發揮什麼作用

在我們的日常生活中，各式各樣的彈簧，處處都在為我們服務。

常見的彈簧是螺旋形的，叫螺旋彈簧。做力學實驗用的彈簧秤、擴胸器的彈簧等都是螺旋彈簧。螺旋彈簧有長有短，有粗有細；擴胸器的彈簧比彈簧秤的粗且長；在抽屜鎖裡，彈簧又短又細，約幾毫米長；有一種用來緊固螺母的彈簧墊圈，只有一圈，在緊固螺絲螺母時都離不開它。螺旋彈簧在拉伸或壓縮時都要產生反抗外力作用的彈力，而且在彈性限度內，形變越大，產生的彈力也越大；一旦外力消失，形變也消失。有的彈簧灼成片形的或板形的，叫簧片或板簧。在口琴、手風琴裡有銅製的發聲簧片，在許多電器開關中也有銅製的簧片，在玩具或鐘錶裡的發條是鋼製的板簧，在載重汽車車廂下方也有鋼製的板簧。它們在彎曲時會產生恢復原來形狀的傾向，彎曲得越厲害，這種傾向越強。有的彈簧像蚊香那樣盤繞，例如，實驗室的電學測量儀表（電流計、電壓計）內，機械鐘表中都安裝了這種彈簧。這種彈簧在被扭轉時也會產生恢復原來形狀的傾向，叫做扭簧。

各式各樣的彈簧在不同場合下發揮著不同的功能。

一、測量功能

我們知道，在彈性限度內，彈簧的伸長（或壓縮）跟外力成正比。利用彈簧這一性質可製成彈簧秤。

二、緊壓功能

觀察各種電器開關就會發現，開關的兩個觸頭中，必然有一個觸頭裝有彈簧，以維持兩個觸頭緊密接觸，使導通良好。如果接觸不良，接觸處的電阻變大，電流通過時產生的熱量也會變大，嚴重的還會使接觸處的金屬熔化。

卡口燈頭的兩個金屬柱都裝有彈簧，也是為了接觸良好；至於螺口燈頭的中心金屬片以及所有插座的接插金屬片都是簧片，其功能都是使雙方緊密接觸，以維持導通良好。

在盒式磁帶中，有一塊用磷青銅製成的簧片，利用它彎曲形變時產生的彈力使磁頭與磁帶密切接觸。在訂書機中有一個長螺旋彈簧，它的作用一方面是釘緊訂書釘，另一方面是當最前面的釘被推出後，可以將後面的釘送到最前面以備訂書時推出，這樣，就能自動地將一個個釘推到最前面，直到釘全部用完為止。

許多機器自動供料，自動步槍中的子彈自動上膛都靠彈簧的這種功能。此外，像袱衣服的夾子，圓珠筆、鋼筆套上的夾片都是利用了彈簧的緊壓功能而夾在衣服上的。

三、復位功能

彈簧在外力作用下發生形變，撤去外力後，彈簧就能恢復原狀。很多工具和設備都是利用彈簧這一性質來復位的。例如，許多建築物大門的合頁上都裝了復位彈簧，人進出後，門會自動復位。人們還利用這一功能製成了自動傘、自動鉛筆等用品，十分方便。此外，各種按鈕、按鍵也少不了復位彈簧。

四、帶動功能

機械鐘表、發條玩具都是靠上緊發條帶動的。當發條被上緊時，發條產生彎曲形變，存儲一定的彈性勢能。釋放後，彈性勢能轉變為動能，透過傳動裝置帶動時、分、秒針或輪子轉動。在許多玩具槍中都裝有彈簧，彈簧被壓縮後具有勢能，扣動扳機，彈簧釋放，勢能轉變為動能，撞擊小球沿槍管射出。田徑比賽用的發令槍和軍用槍支，也是利用彈簧被釋放後彈性勢能轉變為動能，撞擊發令紙或子彈的引信完成發令或發火任務的。

五、緩衝功能

在機車、汽車車架與車輪之間裝有彈簧，利用彈簧的彈性來減緩車輛的顛簸。

六、振動發聲功能

當空氣從口琴、手風琴中的簧孔中流動時，衝擊簧片，簧片振動發出聲音。

速度是一把「雙刃劍」

一切物體都具有「速度」，這是人們早已熟知的常識。然而，你可知道「速度」給人類帶來了什麼？是福還是禍？

有一年，某國舉行汽車賽。沿途觀看的農民，為了向領先者表示祝賀，在高坡上紛紛朝急速飛馳的汽車扔西瓜。沒想到，一番盛情竟釀成奇禍——砸壞了汽車，砸傷了駕駛員。

扔瓜的農民，瞠目結舌，不知所措。賽車主持人和負傷駕駛員，面面相覷，哭笑不得。西瓜怎麼會成了「炸彈」呢？哪來這麼大的威力呢？人們議論紛紛。

這是怎麼回事呢？為了弄清這個問題，科學家絞盡腦汁做了許多實驗。原來真正的肇事者不是西瓜，而是

宇宙固有的運動「速度」。實驗證明：秒速達 310 公尺的水滴，可以損傷金屬表面，可以把人打死。如用專門氣槍把水滴加速到每秒 900 ～ 1200 公尺，就會如同子彈一樣，能夠穿透玻璃，在不銹鋼上打出凹陷，具有驚人的破壞力。由此可見，「速度」真是令人恐怖的「惡魔」！

「速度」是「惡魔」，一旦掌握了它，又會成為我們的「朋友」。近年來，在人工製造金剛石和加工精細度高、形狀複雜的金屬零件時，以及清除機具銹污、毛刺等工序，為了改善勞動強度，維持產品品質，都要靠「速度」來幫忙；對於用普通切削機具和方法難以加工的奇特金屬零件，廣泛採用「爆炸成形」、「噴沙工藝」和「射流技術」，也都是靠「速度」這個「朋友」創造出來的。

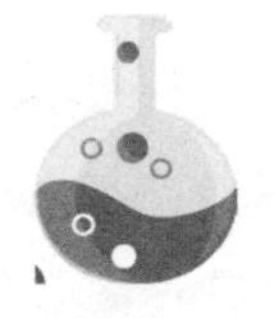

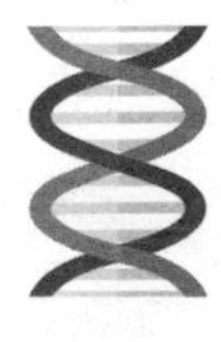

在高壓下物質會發生什麼意想不到的變化

生活在地球上的人類，自由地來來往往，好像並沒有覺得受到了壓力。實際上，我們是生活在一個大氣壓的環境中，如果超過一個大氣壓，會是個什麼樣子呢？

大家都知道，用高壓鍋會使飯熟得快，肉燉得爛！這是什麼道理呢？這就是壓力的作用。在高壓鍋的鍋蓋及鍋身中間有一個起密封作用的橡膠圈，它可以阻止氣體外洩。

當加熱時，鍋中的水不斷蒸發，鍋內壓力不斷提高，壓力不到一定程度，限壓閥不會打開，這樣鍋內的壓力可以達到 1.3 個大氣壓，鍋中的水可達 124℃才沸騰，在這樣的溫度下，食物能不熟得快嗎？

如果把壓力提高到 7000 個大氣壓，那麼雞蛋不用加熱，只用 10 分鐘就熟了。在 6000 個大氣壓下，鮮豬肉只要用 5 分鐘就可成為熟火腿；對鮮鱈魚施以 4000 個大氣壓，便能製成新鮮的魚糕；放入塑膠袋中的水果和砂糖，在高壓下做成了果醬。當然，這些食物都是冷冰冰的，但吃起來卻和熱呼呼剛煮熟的一樣可口。

據說在 1968 年，一艘名叫「阿爾文」號的潛艇遇難沉到 1540 公尺的深海中，11 個月後，人們把它打撈上來，發現碗櫥飯盒中的牛肉、香腸、蘋果都還很新鮮。科學家們得出結論，這是因為海底處已超過 150 個大氣壓，高壓大大抑制了細菌的生長。

細菌一般在幾千個大氣壓下就會死亡，病毒也會失去活力，大腸桿菌在 2000 ～ 4000 個大氣壓下就不能存活。

在高壓下，許多物質都會發生意想不到的變化，原來柔軟的石墨會變成十分堅硬的金剛石；澱粉經高壓會變成糊狀，蛋白質也變成糊狀，對舊米施加 1000 個大

氣壓，便發出新米的味道。有些非金屬，加壓後變成了良好的導電體，如固體二氧化碳，在強大壓力下就會導電。

科學家們估計，大約在 200 萬個大氣壓下，可以製成目前世界上還未發現的物質，這就是由氫氣製成金屬氫。把壓力加到 20600 個大氣壓，水在 78℃就能結成冰，這是燙手的冰，科學家們稱它為第五種冰。你看，高壓創造了多少奇蹟！

水滴入熱油裡為什麼會濺起來

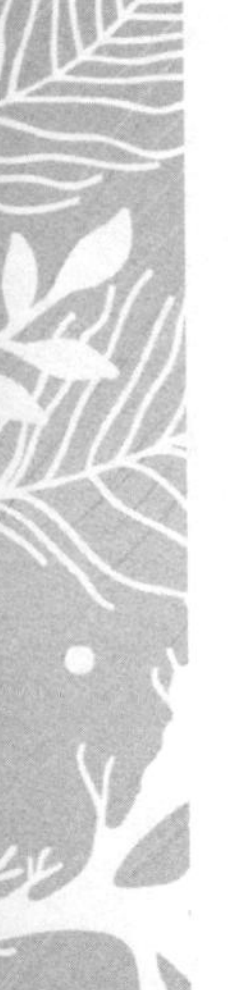

使用油炒、炸食物的適當溫度，一般大約是在160℃～200℃。這時，就等於把附在食物上的少量的水一下子放入高溫中。我們知道，水到100℃就沸騰。液體的沸騰就是汽化，此時，其體積不僅發生很大變化，而且還是在很短的時間裡變化的。

少量的水進入了大量高溫的油裡，水便爆發性的汽化蒸發。這樣，周圍的油被帶得飛濺起來，由此，就產生了「濺油」現象。

炸藥是一種猛烈的爆炸物，它能爆炸是因為炸藥的主要成分硝化甘油是由碳、氫、氮、氧組成的，這些東

西在爆炸時，各自都因急劇的化學變化而產生氣體，其體積突然猛增，於是發生爆炸。

炒、炸食品時發生的「濺油」現象，就是急劇蒸發的少量氣體，在非常短的時間裡激起了周圍的液體所造成的。

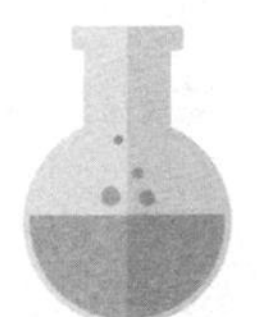

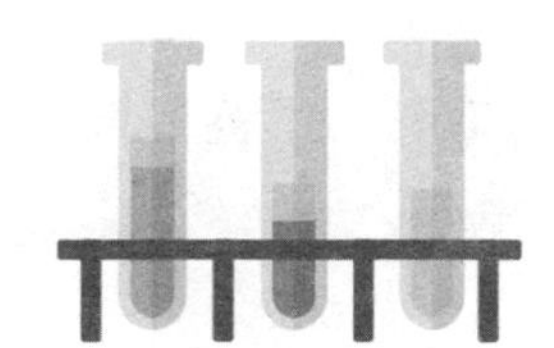

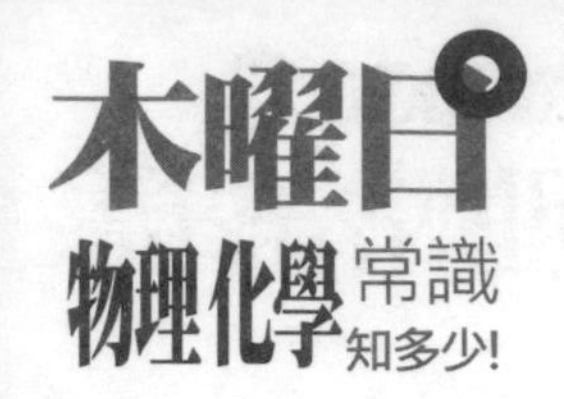

為什麼火焰的方向總是朝上

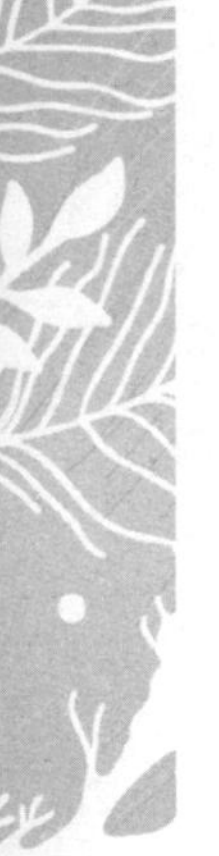

火在燃燒的時候，發出很多熱量。這種熱量把周圍的空氣加熱了，於是，受熱後的空氣產生熱膨脹，變得很輕，開始上升。在水中，輕的物體總是漂浮在水面上。在空氣中也是這樣的。也就是說，由於空氣受熱變成上升氣流，才使得火焰的方向朝上。

你也可以這樣來理解：火向上燃燒，是因為上升的空氣或燃燒的熱氣體把火焰拉上去了。

因此，在火焰的上端，呈現出一種像蠟燭的火苗或火柴的火苗那樣的尖形。這種形狀接近於三角形，尤其是頂端和三角形一樣。

由於物體在燃燒的過程中，這種作用不斷的產生，所以火總是向上燃燒的。

人們認為，失火現場出現強風，煙囪能夠助燃，其原因都是由於這種強烈的、急劇上升的氣流造成的。你也可以認為火苗是隨著上升的氣流而向上燃燒的。

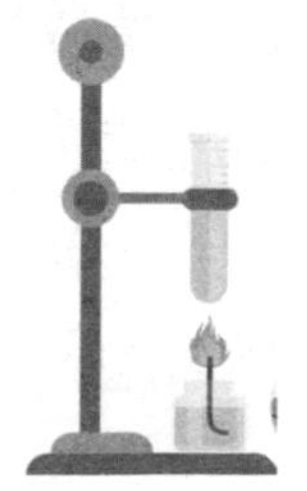

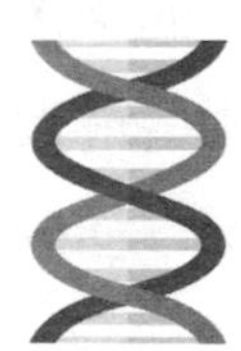

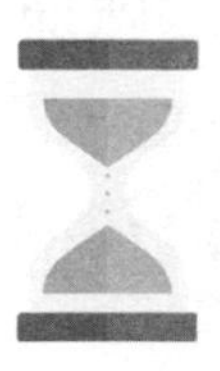

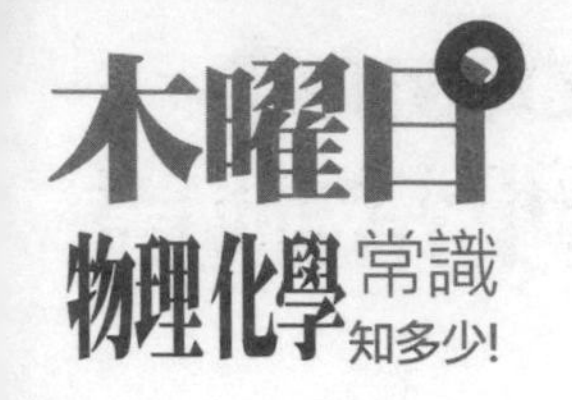

為什麼膠合板的層數都不是雙數

膠合板是我們生活中常見的建築、裝飾型木材，一般分為三合板、五合板、七合板等，為什麼它們都是單數層呢？

膠合板採用單數層的目的是為了使膠合板有一個中間核心層，一方面使兩面的薄板受到核心層的牽制，另一方面使中間層也受到外層的制約。因此，總是按木板紋理一塊橫，一塊直交錯重疊膠合起來的，使薄板相互牽制，不易翹曲或折斷。如果採用雙層數，雖然是一橫一直的排置，可是最外兩層薄板紋理不一致，就會出來一面的木板朝裡收縮，另一面的木板朝橫收縮，結果膠

合板兩面的大小就不同了；而且，由於外面兩層木板的紋理方向不同，對中間層的制約作用也會失去，因此，膠合板都是單數層的。

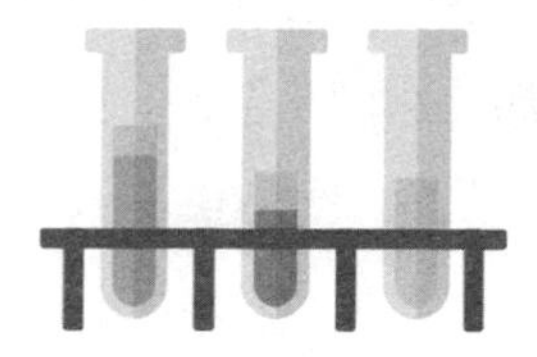

水蒸氣分子間距離比水大，為何反而不透明

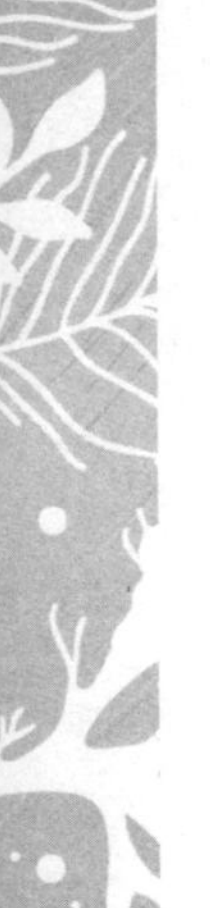

純淨的水是透明的，水蒸氣分子間的距離更大，看上去卻不透明，這是為什麼呢？

如果我們把玻璃杯盛水加蓋，杯中水面上部就是空氣與飽和水汽（氣態的水）的混合物。

顯然，那是透明的，而且比液態的水更透明。

但熱水鍋上霧氣騰騰的水蒸氣卻並不是氣態的水，而是液態的水。那麼，為什麼反而不透明了呢？那是因為鍋中受熱產生的水汽上升遇到冷空氣，又凝結成很多微小的水滴。

當光線照在小水滴上時，一部分光線穿過小水滴被

折射；一部分光線則被小水滴表面反射，兩者均改變了光線原來的方向。這樣，通過水蒸氣的光線都被散射了。能通過光線的物體看上去才是透明的，因此水蒸氣就變成不透明了。

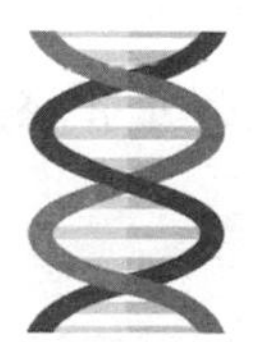

為什麼潮濕的空氣比乾燥的空氣輕

有很多人會認為潮濕的空氣比乾燥的空氣重，其實只有物體受潮後由於吸收了水分，要比它乾燥的時候重，而潮濕的空氣卻要比乾燥的空氣更輕。

所謂潮濕的空氣，是指含有大量水蒸氣的空氣；而乾燥的空氣，指不含或含極少水蒸氣的空氣。水蒸氣要比空氣輕得多。

按體積計算的話，乾燥空氣中的78％體積是分子量為28的氮，21％體積是分子量為32的氧。而水蒸氣的分子量僅為18。所以，空氣中水蒸氣含量越多——也就是說，氣越潮濕，它的重量反而越輕。

體溫計的水銀柱為什麼需要用力甩下

一般溫度計的玻璃管內徑是一樣大小的；而體溫計的玻璃管內徑卻並不一樣粗細，它的玻璃管和水銀球相接的地方，做得特別細（頸縮部分）。

當體溫計放在你的腋窩下的時候，水銀球裡的水銀受熱膨脹，它就從這個狹窄的口子裡擠上去。可是，當體溫計從你的腋窩下取出的時候，水銀受冷，便立刻收縮。由於這個口子的內徑特別狹窄，收縮的結果使兩頭的水銀分開了。這個狹窄的內徑，對水銀有很大的摩擦力，它阻止了水銀柱降下來。因此，只有用力甩幾下以後，水銀柱才會回到玻璃球裡來。

無線電波能在水下傳播嗎

也許有人會問：無線電波能在水下傳播嗎？回答是肯定的。無線電波是一種電磁波，其波長在幾公尺到幾公里之間，與太陽光性質相同。但由於無線電波的波長很長（比太陽光的波長長100億倍），所以不可能直接用肉眼看到，只能透過相應的天線才能發現。

當無線電波在水下傳播時，它表現得與光波相似：速度減緩（與在空氣中傳播相比較），逐漸變弱。正如大家所知，觀察海底時是一片黑暗，這是由於水能吸收大量波長很短的波，因此，在水下聯絡時（如潛水艇與地面的聯繫），就使用波長很長的無線電波，即長波。

蛇為什麼會聽到暴風雨要來的聲音

在浩瀚的熱帶海洋上，漁民們駕駛著自己的漁船出海打魚，在他們的漁船上，不僅有捕魚的工具，而且常常要帶著一條大蛇。這條大蛇有什麼用呢？漁民們會告訴你：蛇會聽到暴風雨要來的聲音。

我們都知道，聲音是一種波。它只能在一些介質中傳播，沒有介質，就傳播不了。儘管太陽內部劇烈的擾動，發出了聲音，但因為太陽與地球之間有一段沒有空氣介質的空間，我們就聽不到。

在一秒鐘振動 16 ～ 2000 次，甚至 3000 次的聲音，或者說是頻率為 16 ～ 3000 赫茲的聲音，人的耳朵可以

聽到；比這高或比這低的聲音，我們就聽不到了。

在許多大自然的現象中，如暴風雨、颱風、地震或極光，都會產生一種聲音，這種聲音的頻率低於 20 赫茲，人的耳朵一般聽不到。人們稱它為次聲。

次聲在空氣中傳播時，空氣對它的吸收係數很小，耳朵能聽見的聲音，只能傳播幾十公里就被吸收掉了。而次聲卻可以繞地球幾圈。它不僅能傳得遠，而且跑得快。它能遠遠的跑在風暴之前，成為風暴來臨的前奏曲。

蛇所聽到的就是這種聲音。蛇聽到聲音後就會有所反應，漁民們就可及時的做好準備。除了蛇之外，海豚、水母也可以聽到次聲。

由於自然界的許多現象伴隨著產生次聲，因而，我們可以利用次聲來研究這些自然現象。例如利用次聲控測器預報海嘯、火山爆發和地震等。也可以用次聲波探測器來監視火箭導彈的發射。透過分析人體內臟所發出的次聲波，還可以診斷某些疾病。

我們雖然聽不見次聲波，但次聲波對人體卻有很大的危害。它能干擾人體的平衡器官。由於人身體的固有

頻率為 7～10 赫茲，頭部固有頻率為 8～12 赫茲，心臟為 4～6 赫茲，這些固有頻率剛好在此聲的頻帶範圍內，一旦強度大的次聲作用於人體，就會引起強烈的共振。輕者頭痛嘔吐、眩暈、眼球震顫，重者則會造成神經錯亂甚至死亡。

有的時候，次聲會造成飛機失事，它不僅能使飛行員死亡，而且可能使飛機粉身碎骨。有的國家就是利用次聲的這些特性，研發了「次聲」殺傷武器。

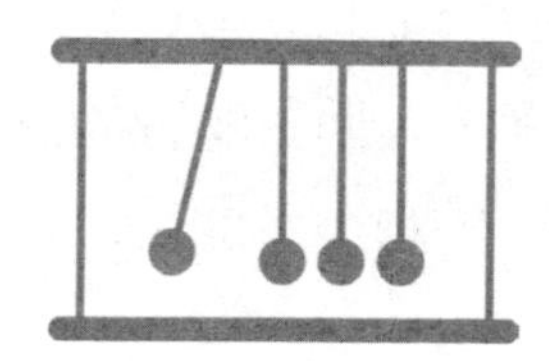

為什麼人們都討厭噪音

什麼聲音最可惡？當然是噪音。噪音就是那種過強的、能影響人身體健康的聲音，比如高音喇叭、飛機轟鳴等。

在物理學上，用分貝來表示噪音的大小，它是聲音強度的對數表示量。入耳剛能聽到的聲音強度為 1，則為 0 分貝，使人耳朵發痛的聲音為 130 分貝，公共汽車內部大約是 80 分貝，重型卡車駛過時為 90 分貝，一般辦公室為 50 分貝，夜深人靜的臥室一般為 30 分貝。其實，人們對噪音的感覺，不僅僅與聲音強度有關，還與它的頻率有關，尖銳的噪音更使人不能忍受。考慮到這

個因素，一般國際上採用 A 聲級，單位是分貝（A）。

噪音對人體有什麼危害呢？它能使人耳聾，在鍛造工廠長期工作的人，大部分都耳聾，連續的噪音可使人失眠，繼而引起消化不良，頭暈、頭痛、高血壓甚至心臟病。更強大的噪音能使人噁心、嘔吐甚至眼球震顫，不能說話等。噪音還會影響胎兒的生長發育。

不僅僅對於人類是如此，噪音還會引起鳥類脫毛不下蛋。1964 年，美國一個位於飛機航道下的農場，6 個月裡，10000 隻雞被 F104 噴氣戰鬥機的噪音殺死了 600 隻。

噪音甚至能引起金屬的疲勞，而導致飛機或導彈失事。0.6 毫米的鋼板，在 168 分貝的噪音作用下，15 分鐘就會斷裂。

從以上所列舉的實例中不難看出，噪音對人類、對社會有多麼大的危害性。據美國統計，僅工業噪音所造成的工傷事故、低效率及聽力損傷賠償等，每年損失達 40 億美元，噪音已成為人類世界的三大公害之一。

為了消除和減少噪音，科學家們想出了不少科學方法，如改進機械的設計，安裝消音器、發明了不少消音材料，近來還採用了以噪音治噪音的方法，即用與噪音大體強度相當、而方向相反的噪音去抵消原來的噪音，都收到了一些效果。

隨著科學的發展，科學家們認為噪音本身也是能量，也能加以利用，據說，噪音達 160 分貝的噴氣發動機，其聲的功率能達到 10 千瓦，因此可利用它來製冷。

醫生們還用噪音來判斷發病的器官部位。某些植物，如番茄，喜歡噪音，曾有人試驗過，一棵常在 100 分貝的汽笛中施肥的番茄，竟結了 900 多個果實，而且果實要比一般的大三分之一。

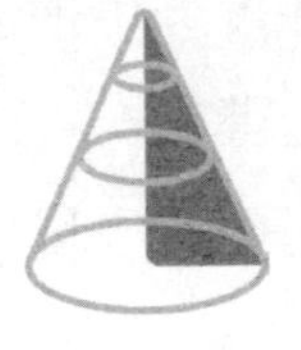

寺廟裡的磬為什麼會不敲自鳴

唐代時，在洛陽城外的一座寺廟裡，老和尚房中的磬經常不敲自響。和尚以為是妖怪作祟，竟嚇到病倒了。他召集眾僧在佛前誦經消災，又請來道士設法替他「捉妖」，折騰了好半天，結果磬仍然經常自動響起。

有一天，老和尚的好友、一位名叫曹紹夔的讀書人來看望他。老和尚就把那不敲自鳴的磬，向曹作了介紹。果不其然，一會兒，寺廟裡開飯敲大鐘，和尚屋裡的磬又響起來了。

曹走到磬邊撫弄一番，沉思片刻，笑著說：「你明天準備好豐盛的酒菜，我來為你『捉妖』。」老和尚對他的話半信半疑。

次日宴罷，曹要了一把銼刀，在磬沿上銼了幾處。然後叫撞鐘的和尚撞鐘，再聽那磬，竟無聲無息了。

和尚問曹這是什麼道理，曹說：「我沒有什麼法術，靠的是一雙眼和一個頭腦。」

老和尚又問：「你怎麼使用銼刀呢？」

曹付之一笑，答道：「這磬和鐘的製作發生了『姻緣和合』的作用，我給它銼掉幾處，它們之間就不會再發生影響了。」老和尚聽了點頭微笑。從此，他的病也漸漸好了。

物理實驗告訴我們，世界上任何物體都有各自的固有頻率。假如外界振動的頻率接近於該物體的固有頻率，該物體振動的幅度會越來越大，發出的聲音也就特別響。這種現象就叫共振。那寺廟裡的鐘與和尚房裡的磬，固有頻率相同，所以只要鐘響，隨即磬也就自鳴。那位讀書人用銼刀將磬銼了幾處，改變了其固有頻率，因此再撞鐘時磬就不響了。

共振是自然界一種普遍的現象，如不注意或不能正確應用，往往會帶來痛苦和災難。比如，火車的車輪經過接軌處的振動頻率，與車輪彈簧的固有振動頻率相接近時，乘客就會被顛簸得難以忍受。若是這個頻率和所經過的橋樑固有頻率相接近時，就會導致橋斷車翻的嚴重事故。

1906 年的一天，一隊騎兵以整齊的步伐通過彼得堡封塔克河的愛紀畢特橋時，突然橋斷了好幾段，騎兵們墜入河中。又如，強度經過嚴密設計的飛機，有時在高空飛行時因為氣流及其他振源而引起共振，導致飛機解體墜毀。

共振雖然具有破壞作用，但是只要認識了它，掌握了它的規律，也可用來為人類造福。比如，吉他、胡琴、小提琴等樂器，都有一個共振箱，它使得琴聲悠揚悅耳，餘音繞梁。打開收音機，轉動調諧旋鈕，以改變線圈和電容器所組成的選頻回路振蕩頻率，使它與電台發出的電波產生共振，就可聽到清晰的聲音。

振動式的壓路機能迅速地將路面壓平；利用快速振動風鎬，則能開山鑿石，採掘煤炭；建築工地上的振動器可用來搗固混凝土；激振器能很快消除大的零件中金屬內部的殘餘應力。

另外，如醫學上的共振療法、工業生產上的電振刨、電振泵等，都是利用共振的原理。

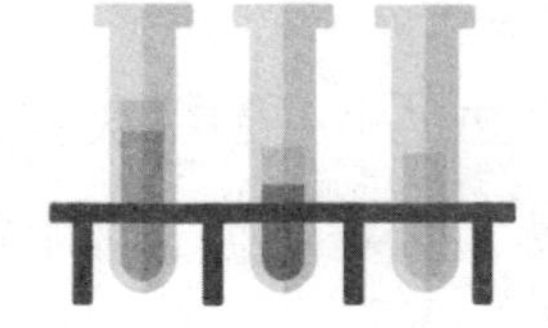

消音裝置為什麼不會產生爆音

無論是手槍還是摩托車和汽車，它們的消音裝置的原理都是一樣的。

讓我們來看看摩托車的消音器。在摩托車的排氣口裝有一個鋼筒，從發動機排出來的氣體並不是直接被迅速排放出去，而要經過這個筒的削弱作用，然後才被慢慢的排進大氣中，所以不會產生爆音。

手槍也一樣，安裝在槍口前面的消音器也是一個筒，只是口徑小得多。被安裝在槍口上的消音器壓縮後的空氣，雖然一度膨脹，卻不會發出很大的聲音了。

接下去，那個筒中的空氣又非常緩慢的排到大氣

中，所以幾乎不會發出什麼聲音。當然，空氣雖說是緩慢排出，但火藥爆炸對子彈所產生的推力並沒變，所以，無聲手槍的子彈仍與普通手槍一樣，能高速的飛射出去。

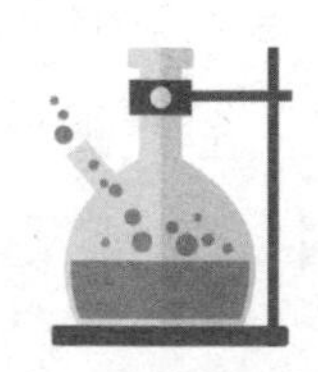

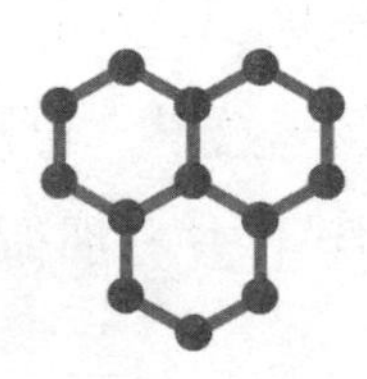

奇妙的聲音反射現象

聲音碰到障礙物會改變傳播方向，這在物理學上叫做聲音的反射，反射回來的聲音叫做回音。

但是人必須站在障礙物十幾公尺以外叫喊，才能聽到回音。這是因為人的耳朵受到生理特性的限制，只有聽到直達音 1/15 秒以後再聽回音，才能夠把直達音和回音分開來。回音和直達音的傳播速度是一樣的。

修建於 1530 年的北京天壇公園裡的回音壁和三音石，巧妙地運用了回音。回音壁是一個圓形圍牆，高 6 公尺，直徑 65 公尺。圍牆砌得十分整齊光滑，反射聲音的效果極好。一個人站在牆壁前任何一處，比如甲處，對著牆壁輕聲說話，另一個人站在幾十公尺遠的牆壁前，比如丙處，仍可以清楚的聽到甲處那個人的話，而且好像在近處，比如乙處發出來一樣。

三音石位於回音壁的中心。人站在這塊石頭上拍一下手掌，就可以斷續地聽到三次回音。如果使很大的勁拍手掌，聽到的回音可能是五六次。

因為從三音石處發出的掌聲，沿半徑向四周傳播，受牆壁反射後同時到達三音石處，人就聽到第一次回音。第一次回音再向四周傳播，又受牆壁反射回來，人就聽到第二次回音……經過幾次反射，聲音的能量損耗得差不多時，回音就聽不到了。聲音不但遇到堅硬的障礙物會反射，有時候遇到柔軟的物體也會反射。

有一年，位於瑞士和義大利交界處的阿爾卑斯山的一條鐵路隧道裡，爆炸了 28 噸炸藥。30 公里以內的瑞士人聽到了，35 公里以外的人聽不到。但是，遠在 160 公里以外的德國人卻清楚的聽到了這次爆炸的轟響。

原來瑞士人聽到的是直達音，而德國人聽到的是回音。炸藥爆炸後，聲音向北傳播，在離爆炸處 80 公里的上空，遇到了能夠產生回音的空氣流，就把爆炸聲反射到 160 公里遠的地面上來了。

隧道裡為什麼常常用橙黃色的燈

在隧道裡行車，能夠看清前方的汽車和行人是至關重要的。有顏色的光比白色的光所照出的影子更清楚，所以，隧道裡選用有顏色的光就很必要了。

另外，在有霧或煙靄的時候，波長較長的光能照得更遠。光的波長根據顏色不同而不同，各種顏色的光的波長順序從短到長排列依次為：紫、藍、黃、橙、紅。從這個排列順序可以清楚的發現，黃色和橙色比紫色和藍色更適合在隧道裡使用。這就是在隧道裡採用橙黃色燈的原因。

為什麼絕大多數容器都製成圓柱形

日常生活中人們使用的熱水瓶、茶壺、茶杯等容器，都是圓柱形的。為什麼沒有方形的呢？「茶杯要是做成方的，不但喝水的時候不方便，也容易碰壞呀！」有人一定會這樣認為。其實，這並不是主要原因。

人們製造任何東西，總要考慮兩個方面：一節省材料，二使用方便。實驗證明，用同樣多的材料，做成圓柱形的容器，要比作成方柱形容器裝的東西多。所以，像糧倉、油桶、水缸等許多裝東西的容器，大多是圓柱形的。

如果單單考慮節省材料，那麼用同樣多的材料做

成的容器，並不數圓柱形盛得最多，最多的應該數圓球形。可是，圓球形容器使用起來實在不方便。因此，人們把絕大多數容器製成圓柱形的，這實在是兩全其美的做法。

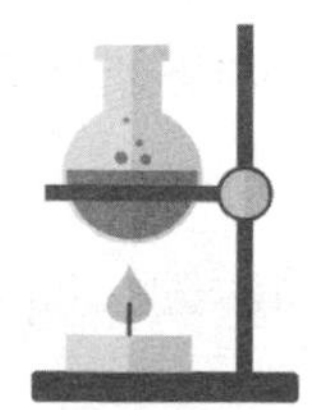

疊放在一起的玻璃為什麼變得不透明了

也許你注意到了這樣的現象，把幾塊透明的玻璃疊放在一起，玻璃就變得不透明了。這是為什麼呢？

要解決這個問題，還是先做個試驗好了。用布把透明的玻璃擦乾淨，在陽光充足的地方鋪一張白紙，讓陽光穿過玻璃照射到紙上。

結果會發現，在這張白紙上，陽光直接照射到的地方和陽光透過玻璃照射到的地方相比，後者在紙上留下了一塊淡淡的陰影。這種現象，是由於透明玻璃吸收了微量光線後顯示出來的。

玻璃的種類繁多，一般窗戶上使用的玻璃，叫做鈉

玻璃，這種玻璃看起來是綠色的。照相機的鏡頭為了減少像差，要用幾塊鏡片組合而成，因此，它必須使用穿透性好、折射率大的鉛玻璃製作。

如果玻璃比較厚，必然要吸收很多光線，顏色也會相應的變暗。海水也是如此。盛來一桶海水，水是無色透明的，但是在深海中，水的顏色則變得很暗。

為什麼飛機逆風起飛更快、更有利

騎自行車的人都知道：順風上車容易，騎得快且省力。馬車、汽車、帆船、輪船都如此。飛機在天空飛行，也是順風快，逆風慢。可是，飛機起飛卻是逆風快。這是什麼道理呢？

飛機起飛，離地升空，重要的因素不是相對於地面的飛行速度，而是相對於空氣的飛行速度。飛機起飛昇空的上升力是由飛機相對於空氣的運動所產生的，飛機與空氣的相對運動速度愈大，上升力也就愈大。

如果一架飛機相對於地面的飛行速度達到每小時 100 公里，而又有每小時 20 公里的逆風，則飛機相對於

空氣的飛行速度是 100 ＋ 20 ＝ 120（公里 / 小時）。反之，飛機順風飛，即使飛機相對於地面的飛行速度可以快些，比如說達到 110（公里 / 小時）的速度，但它相對於空氣的飛行速度卻只有 110 － 20 ＝ 90（公里 / 小時）。所以，飛機逆風起飛更快、更有利。

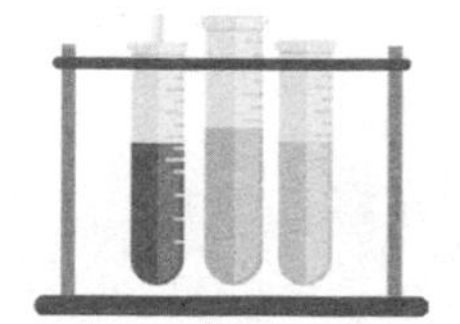

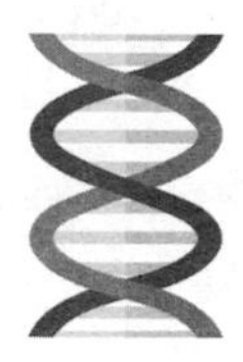

風箏是怎樣飛上天的

在晴朗的春天，人們常常到公園的廣場或郊外空曠的地方，放飛各式各樣的風箏。風箏為什麼能飛上天呢？風箏飛上天，其實是借助了風的力量。

仔細觀察一下，就會發現，在有風的日子裡，人們都是逆著風向放飛風箏。這樣，風箏在上升的過程中，風從前面吹到風箏上，產生了一個向上推的力量；同時，風箏上面的空氣壓力小，下面的空氣壓力大，因此，產生了升力。於是，風箏被送上了高空。

風箏的後面，都有長長的尾巴，這尾巴可不是為了好看，它具有平衡的作用，使風箏不會在空中亂轉。

幾種奇妙的地溫計

量體溫用體溫計，量室溫用溫度計，測定井下溫度用井溫計……要想知道距今幾百萬年甚至幾千萬年前的古地溫，該用什麼呢？地質學家們發現了幾種奇妙的地溫計。

一、化石地溫計

生物遺體化石，尤其是植物孢粉化石和動物小個體化石——牙形石，都是極好的地溫計。這些化石中含有豐富的有機質，具有隨地層溫度升高而碳化度增加的特點。這樣的化石在顯微鏡下會顯示出不同的顏色。

一般溫度高，碳化度也高，顏色就深，反之顏色就淺。這些化石的顏色就會告訴我們古地溫。

二、礦物地溫計

沉積岩中常有自生的黏土、沸石和硅酸鹽礦物。這些自生礦物從沉積到成巖過程中，受物理因素的控制。如黏土礦物，會在不同地溫下轉換成不同的物質；沸石的結晶順序也會隨地溫的升高發生變化；硅酸鹽礦物中的二氧化硅層的間距隨地溫升高而不同。

從這些自生礦物在不同地溫下的各種變化也可推測出古時的地溫。

三、有機質地溫計

遍佈各類岩石中的固態有機質微粒之一——鏡質體，會隨溫度的升高，相應改變其排列結構，從而使其對光線的反射率發生變化。

鏡質體的反射率與溫度形成直線關係，透過對鏡質體反射率的分析，就可得知當時的地溫。

四、煤階地溫計

在成煤過程中，隨地層溫度升高、煤化作用增強，便形成不同的煤階。由已發現的煤階便可推算出地層經歷過的佔地溫。

五、甲烷氣體地溫計

沉積岩中還含有天然氣，這些天然氣中都含有甲烷氣。甲烷（CH_4）中的碳有兩種穩定的碳同位素，即12C 和 13C。而地溫變化可引起同位素分餾。低溫下 12C 的比例大；高溫時 13C 的比例大。這兩種同位素含量的比值就構成了靈敏的地溫計。

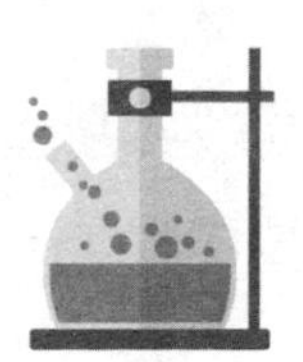

茅屋上的稻草是怎樣被風刮走的

到成都去的人，大多數都會去浣花溪杜甫草堂遊覽和觀賞一番。現在的杜甫草堂，不是當年杜甫住過的茅屋。那座茅屋早已蕩然無存，這座是後人為了紀念「詩聖」而建立的。

當年杜甫的那座茅屋破破爛爛，不避風雨。「八月秋高風怒號，卷我屋上三重茅。」一陣狂風刮來，稻草刮過了浣花溪，有的掛在樹梢上，有的落在池塘中。

詩人茅屋上的稻草是怎樣被風刮走的呢？稻草輕而軟，容易被風刮起，固然是一個原因。但有時屋上的瓦片也會被風刮走，而且被刮走的往往不是山形屋頂的迎

風面，而恰恰是背風面。這是什麼道理呢？

人們在日常生活中，往往看到這樣的現象：每當颳大風的時候，空曠平地上的樹葉、紙屑一掃而光。可是，在牆壁後面等背風的地方，簡直成了個垃圾堆。

是不是這些地方「風平浪靜」，成了樹葉和紙屑的「避風港」呢？不是。

其實，那裡風在旋，紙在轉，像一鍋開水那樣在翻滾。問題的實質是這樣的：大風吹來，受到迎風面的阻擋，空氣像「後浪推前浪」一樣，進行自我壓縮，變得稠密起來，壓力也就增大了。

在背風的地方，當氣流繞過的時候，附近的空氣就被帶走一些，相對的就變得比原來稀薄，壓力也就減小。被帶走的空氣騰出了位置，周圍的空氣就爭著跑來補充，這樣就形成了強烈的攪動，也就是渦旋。

渦旋並不顯示它有多麼大的力量，相反，正表明它的壓力大大減小。這就是牛頓力學賦予它的含義。

杜甫的茅屋，當秋風襲來的時候，由於迎風屋頂上面的壓力比屋子裡大，稻草反而緊貼在檁條和椽條上面；

背風屋頂上的壓力比屋子裡小，屋裡壓力大的空氣就像一個大力士一樣往外掀屋頂。杜甫茅屋上的稻草能經得起幾下折騰呢？

人們瞭解了這種規律後，飛機遇上空中渦旋就讓道，輪船見了海洋中的大渦旋就迴避，以免發生危險。

CHAPTER 2

化學常識篇

人們對於化學元素的認識歷程

自然界多姿多彩，無限多樣，但是組成世界萬物的基礎——化學元素卻是有限的。它們不是彼此孤立的存在著的，而是形成一個完整的化學元素週期體系。歷代的化學家們研究和發現化學元素，曾經走過一條坎坷不平的艱辛道路。元素週期律遲至 19 世紀 60 年代才被發現，化學從此才第一次具備較完整的理論體系。

中國遠在商周時代就開始研究元素。在戰國時代形成了金、木、水、火、土「陰陽五行」說。在古印度的孔雀王朝時代，也產生了地、水、風、火「四大元素」說。

在古代，無論中國和外國，對於物質構造的認識，

基本上可以歸納為兩種理論：原子論和元素論。

古代原子論要討論的問題，是物質的無限可分或分割有限而具有不可再分割的最小單位。這一理論雖然提出了正確的命題，但當時的生產技術水準很低，還遠遠不能建立在科學實驗的基礎上，只能是一種直覺的臆測，因而遭到人們的懷疑甚至反對。

另一種是元素論，它是從具體事物中概括歸納出來的，有一定的經驗事實作為基礎，為大眾所承認，但古代關於元素的概念，主要是指物質的性質而言的。比方說，古希臘四元素說的含義是：自然界本來存在著熱、冷、乾、濕四種相互對立的「原性」，由四種「原性」組合，生成火、氣、水、土四種元素。所以說，古代的元素並不是現代科學條件下所認識的元素。也正是因為這樣的元素觀念，把人們的思想長期禁錮起來，以至化學家們經過了 1000 多年的實驗和論證，才從「原性」元素的觀念中解放出來，建立了科學的元素理論。

在錯誤的元素觀的指導下，便產生了煉丹術，又叫煉金術。煉金，就是企圖把普通的元素轉變成黃金；煉丹，則是企圖製造使人長生不老的仙丹。煉丹術始於中國西漢時期，後又傳於阿拉伯、歐洲。然而，由於煉丹術本身是違反化學元素的客觀規律的。特別是煉丹所用的藥物都是汞、鉛、砷等有毒的化合物，不僅不能使人長生不老，反而使一些封建統治者斷送了性命。

但是，人們在長期的煉丹、煉金過程中，卻積累了不少化學知識，掌握了一些化學元素的特性，煉丹家、煉金家們製造了各種化學儀器，他們還用各種符號表示化學元素，這些都為進一步揭開化學元素的本質準備了條件。

17 世紀 70 年代，英國化學家波意耳在觀察和實驗的基礎上，公開向傳統的化學觀念挑戰，並提出了化學元素論的科學概念。他認為化學元素是用一般化學方法不能再分解為更簡單的某些實物，是原始的和簡單的物質，或者是完全純淨的物質。

18 世紀下半葉，英國化學家普利斯特列等人發現氧。法國化學家拉瓦錫據此建立了燃燒的氧素理論，證明燃素的不存在，否定了燃素學說。

化學科學對於元素的認識，在十分漫長的歲月裡，經歷了一個否定之否定的過程，最終在發現了幻想的元素的真實對立物——氧元素之後，才真正確立了現代的元素論。

此後，許多金屬和非金屬元素相繼被發現。到 1871 年，已經發現了 63 種元素。

1869 年，俄國化學家門捷列夫發現了元素的性質，隨著原子量增加而呈現週期性變化的規律，即化學元素週期律。由元素所組成的一個完整的週期體系，稱為元素週期系。從此化學科學形成了完整的理論體系。

20 世紀以來，化學進一步深入到原子內部結構的研究，提出了原子結構和原子核結構理論，因而更深刻地闡述了元素週期律的本質。

元素是由同種原子組成的物質，元素性質主要決定原子核外層電子的排列。核外電子的週期性排列決定了元素性質的週期性變化。原子量是由質子和中子組成的原子核質量所決定的，原子序數即為核電荷數，與核外的電子數相同。同一種元素由於中子數的不同，尚存在

不同的同位素。到 20 世紀 50 年代，已經基本上弄清了元素週期律的本質。

在原子和原子核結構理論的指導下，自 20 世紀 40 年代起，開始人工合成 92 號元素鈾以後的新元素。到目前為止，已經人工合成出第 109 號元素。這些人工合成的新元素稱為超鈾元素。

以核反應和核裂變為研究對象的核化學，實現了古代煉金術家的夢想，可以成功的把賤金屬汞轉變為金元素，而且人工合成了許多新元素，被人們稱為「新煉金術」。

人類的認識能力是無限的，科學的發展是永無止境的。人們對於化學元素的認識，正在不斷的深入和發展。

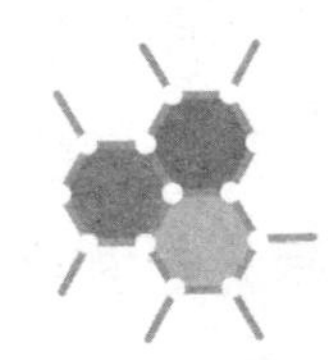

有趣的化學元素名稱

在為化學元素命名時，往往都是具有含義的，或者是為了紀念發現地點，或者是為了紀念某個科學家，或者是表示這一元素的某一特性。

例如，銪的原意是「歐洲」，因為它是在歐洲發現的。鋂的原意是「美洲」，因為它是在美洲發現的。再如，鍺的原意是「德國」；鈧的原意是「斯堪的那維亞」；鎵的原意是「家里亞」，「家里亞」即法國的古稱。

至於「釙」的原意是「波蘭」，雖然它並不是在波蘭發現的，而是在法國發現的，但發現者居里夫人是波蘭人，她為了紀念她的祖國而取名「釙」。為了紀念某位科學家的化學元素名稱也很多，如「鍆」是為了紀念化學元素週期律的發現者門捷列夫；「鍋」是為了紀念居禮夫婦；「鍩」是為了紀念瑞典科學家諾貝爾等。

為了表現元素某一特性而命名的例子則更多、更常見，像銫（天藍）、銣（暗紅）、鉈（拉丁文的原意為剛發芽的嫩枝，即綠色）、銦（藍靛）、氬（不活潑）、氡（射氣），等等。此外，如氮（無生命）、碘（紫色）、鐳（射線）等，也是根據元素某一特性而命名的。

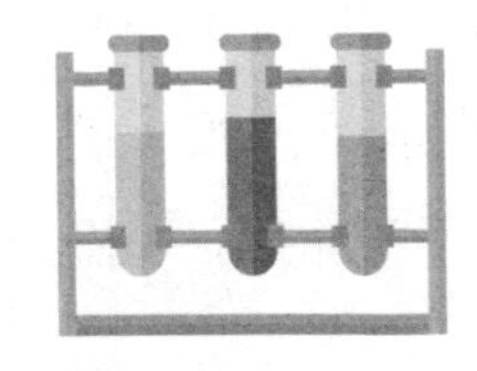

《天工開物》中的豐富化學知識

《天工開物》為明代科學家宋應星於崇禎十年（1637）所著。全書分 18 卷：一、乃粒（五穀）；二、乃服（紡織）；三、彰施（染色）；四、粹精（糧食加工）；五、作鹹（制鹽）；六、甘嗜（制糖）；七、陶埏（陶瓷）；八、冶鑄（鑄造）；九、舟車（車船）；十、錘鍛（鍛造）；十一、燔石（焙燒礦石）；十二、膏液（油脂）；十三、殺青（造紙）；十四、五金（冶金）；十五、佳兵（兵器）；十六、丹青（朱墨）；十七、曲蘗（制麴）；十八、珠玉（珠玉寶石）；插圖 122 幅。圖文並茂，比較全面的記述了中國古代農業和手工業生

產技術，堪稱中國17世紀生產技術的百科全書，已譯成日、英、法、德等文字。所記述的化學知識豐富多彩、引人入勝，在一定程度上反映了中國明代對化學變化過程的認識水準。

在化學理論方面，基本上沿用陰陽五行說來解釋化學變化，如火藥燃爆，是由於「硝性至陰，硫性至陽，陰陽兩神物相遇於無隙可容之中」。又如描述顏料制備：「夫亦依坎附離，而共呈五行變態。」所述銀朱制備，用水銀一斤和過量的硫（石亭脂）二斤進行反應，得到上朱十四兩、次朱三兩五錢，共得朱（硫化汞）十七兩五錢。產物銀朱比反應物水銀多出一兩五錢，宋應星的解釋是「出數借硫質而生」（《丹青・朱》），其中孕育著化合概念和質量守恆定律的思想胚芽。

在化學工藝方面，記述了冶金、分金、鉛丹、鉛白、銀朱、煤炭、石灰、礬、炭黑、染料、顏料、陶瓷、制曲、釀酒等化工過程和技術。

其中最突出的，是在世界上第一次記述了由爐甘石（碳酸鋅）還原成鋅的火法煉鋅技術，並第一次對煤進

行分類。其次，書中所記述的銀朱、鉛白等制備方法，至今歐洲仍稱讚為「中國方法」。

在化學術語方面，有「點」、「養」、「升」、「升煉」、「鍛」、「炙」、「飛」、「固濟」、「化」、「淋」、「漉」、「淬」、「結成」（重結晶）等名詞。

在化學反應類型方面，書中蘊涵著：一、中和反應，如加石灰於蔗汁中，以達到非糖分凝聚的最佳PH值；二、分解反應，如燒石灰；三、置換反應，如濕法冶銅；四、氧化還原反應，如火藥燃爆；五、絡合反應，如媒染；六、聚合反應，如桐油熟煉；七、酶催化反應，如釀酒、利用豬胰消化絲膠、利用自然發酵除去木質素，等等。

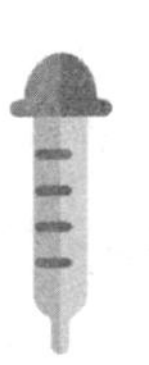

組成物質的基本粒子有哪些

世界上的物質形形色色，有好幾百萬種，它們是由什麼組成的呢？有很長一段時間，人們以為構成物質的最小微粒就是原子。

直至20世紀初，物理學家才發現原子並不是最小的「微粒」，它是由原子核和電子組成的，而且原子核還可以分成更小的「小不點兒」。

這些「小不點兒」都是原子世界的「居民」，它們的種類很多。一開始人們只發現了電子、光子、質子和中子，後來又發現了正電子、中微子、介子、超子、變子，等等，物理學家把它們統稱為「基本粒子」。

1972 年，中國高能物理研究所雲南宇宙線觀測站，在宇宙線中發現了一種新的重質量荷電粒子。

1974 年秋天，以華裔物理學家丁肇中教授為首的研究小組，發現了一種新的重光子，命名為 J 粒子。1979 年，丁肇中教授又發現了一種新的重要的基本粒子——膠子。

據統計，科學家已經發現了 300 多種基本粒子，科學家們把它們分成了四個大家族。

一、夸克家族

它一共包括 6 種不同類型的夸克，它們是組成原子核或亞核粒子的最小微粒。

二、輕子家族

它一共包括 6 種不同類型的輕子。我們熟悉的電子就是輕子家族的一員。

三、傳遞力的粒子家族

其中有傳遞強力或核力的膠子，傳遞電磁力的光子和傳遞弱力的中間玻色子和 Z^0 粒子。

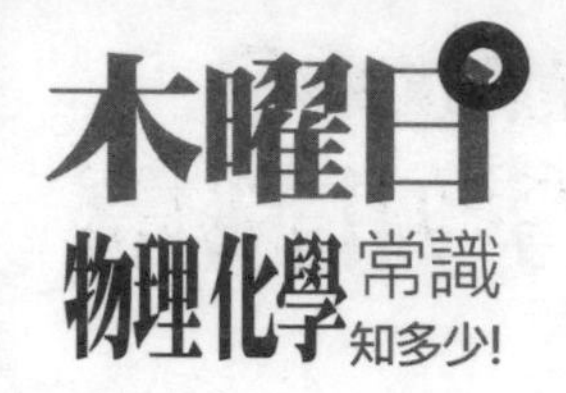

四、反粒子家族

它是指對於夸克和輕子中，每一種粒子都有相對應的反粒子，反粒子的特點是與原粒子的質量相同，但所帶的電荷相反。

這些基本粒子是不是物質世界「最基本」的微粒呢？科學家的回答是否定的，他們還在繼續探索。不久的將來，人們一定會進入更小的微觀世界。

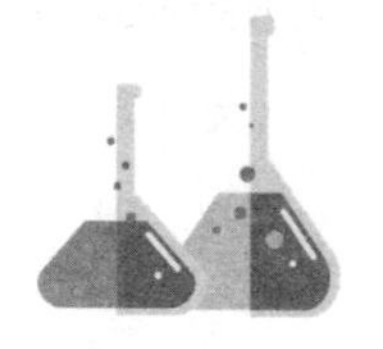

有趣的化學元素之最

有趣的化學元素之最輕的元素是氫。氫是元素週期表中的第一號元素，它的原子量是 1.008。在 0℃和一個標準大氣壓的條件下，一升氫氣只有 0.09 克重，還不到同體積空氣重量的 7%。

➤ 最輕的金屬是鋰。鋰是元素週期表中的第三號元素。它的原子量是 6.9。鋰比水輕一半，能夠浮在水面上，甚至能浮在煤油上。

➤ 最重的氣體是氡。氡是一種稀有氣體，又叫惰性氣體。氡是放射性元素，其密度是氫的 111 倍。

➤ 最重的金屬是鋨。它的比重是 22.48，而水的比重是 1。

➤ 地殼中含量最少的元素是砈，在地殼裡只有 0.28

克。

➤ 地殼裡最多的元素是氧，佔地殼總重量的 48%。硅是第二位，占 26%。

➤ 化學性質最活潑的非金屬是氟。氟是鹵族元素的第一個。在常溫下，氟幾乎和所有的金屬及絕大多數的非金屬進行化學反應。

➤ 最硬的金屬是鉻。它的硬度是 9，而最硬的物質金剛石的硬度是 10。含鉻的不銹鋼，強度好，不怕腐蝕。

➤ 形成化合物最多的元素是碳，有 400 多萬種，其他元素的化合物加起來才有 10 萬多種。

➤ 延展性最好的金屬是金。1 克金子能拉成 2400 公尺長的金絲。還可以把金子軋成特別薄的金箔，厚度只有 1 公分的五十萬分之一。

➤ 熔點最高的元素是碳，要到 3727℃的高溫下才能熔化為液體。

➤ 熔點最高的金屬是鎢，在 3410℃的高溫下熔化成液體。燈泡裡的燈絲就是用鎢來做的。

➤ 沸點最高的元素也是鎢。在 5900 多攝氏度的高

溫下才會沸騰。

➤ 在空氣中含量最多的元素是氮，氮占空氣總體積的 78.16%。

➤ 導電性最好的元素是銀，一些精密的儀器、儀表，常常用銀做導線。

➤ 熔點最低的金屬元素是汞，只有－39.3℃，所以汞在正常溫度下是液態的，用來做溫度計。

➤ 最昂貴的元素是鉲，這是一種人造元素，1 克鉲價值 2700 萬美元。

➤ 發現化學元素最多的國家是英國，共發現 22 種元素。

➤ 發現化學元素最多的科學家是美國的傑奧索，他與其他科學家合作共發現 12 種元素。

➤ 發現化學元素最多的年份是 1898 年，在這一年裡共發現 5 種元素。

➤ 海洋裡含量最多的元素是氧，約占海水重量的 85.79%。

➤ 人體裡含量最多的元素也是氧，約佔人體總重量的 65%。

➤ 提得最純的元素是半導體材料硅。其純度已達到 12 個「9」。即 99.9999999999%，質含量不超過一千萬億分之一。

➤ 最易燃的非金屬是磷，白磷的著火點僅有 40℃。

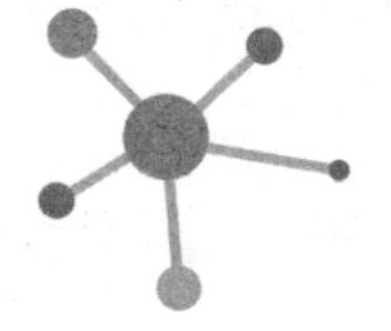
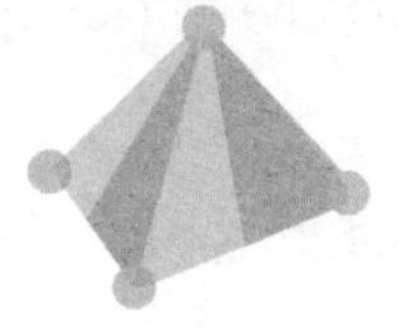

什麼是複合材料

把兩種以上不同性質的材料經過複合形成的一種材料。可以克服單一材料的某些弱點，發揮各種材料的優點，提高材料的綜合性能。如玻璃纖維增強塑料、鋼筋混凝土、金屬陶瓷、橡膠輪胎、石棉水泥板、三合板等。

複合材料根據分散材料的形態，大致可以分成纖維增強複合材料和細粒增強複合材料兩類。

細粒增強複合材料和纖維增強複合材料有顯著的差別。前者的強度主要取決於分散粒子阻止基本位錯的能力；後者基體幾乎只是傳遞和分散載荷，複合材料的強度主要取決於纖維的強度、纖維與基體的界面黏結強度和基體的剪切強度。

複合材料由於它的比強度高、抗疲勞性能和減振性能好、耐高溫、容易成型等特點而得到迅速發展，它的應用已遍及宇宙航行、航空工業、國防工業、機電、交通、建築等各個部門。

塑膠是怎麼被發明的

如今的塑膠製品千千萬萬，已成為現代生活須臾不可或缺的東西。然而，你大概不會想到，塑膠的發明是和一次徵求新型乒乓球活動聯繫在一起的。

原來在19世紀中葉，乒乓球運動發展的初期，乒乓球是橡皮做的，外面包一層毛線，用起來很不方便。美國製造商費倫和卡蘭德，希望有一種更加理想的乒乓球出現。他們決定投資乒乓球製造業。

為此，他們於1863年在各大報紙上刊登廣告懸賞1萬美元徵求更好的乒乓球。1萬美元，這在當時是一個相當具有誘惑力的數字。消息轟動了整個美國，許多人躍躍欲試。

一個名叫海維特的印刷廠工人，也被這巨額的獎金

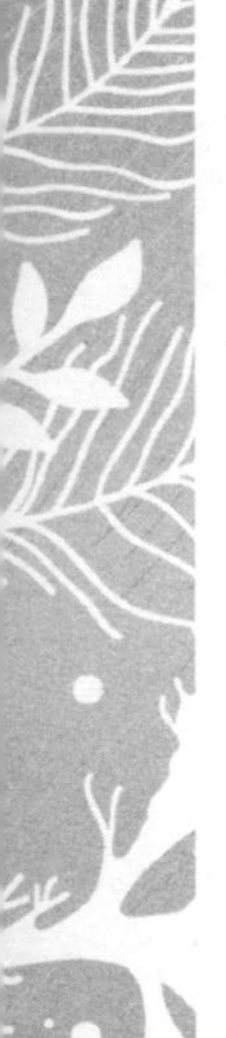

吸引住了。他用了多種辦法試驗，都不理想。他本來就有閱覽雜誌書籍的習慣，於是就回過頭來去查資料；他從一本化學期刊中，瞭解到有人研製出一種特殊的棉花——將普通棉花浸在濃硫酸和濃硝酸的混合液中，棉花就出現了新的特性。

他如法炮製，在試驗過程中，有一天，他將樟腦放進這種溶液，看看會有什麼變化。在不斷攪拌搖晃的情況下，溶液漸漸變得黏稠，最後變成一團白色柔軟的物質。他將其搓成一個圓球狀成了乒乓球的樣子。待圓球冷卻變硬後把它往地上一丟，「乒」的一聲竟然彈得老高。海維特心頭一驚，這不就是乒乓球嗎？他又按照這個辦法做了幾個，結果一個比一個好。

製造商費倫和卡蘭德刊登了徵求廣告後，先後收到了許多「乒乓球」，但沒有一個是令人滿意的。由於在好幾年內都沒有徵得比較好的「乒乓球」，漸漸也就把它放到腦後了。他們沒想到直到徵求廣告發出 7 年後的 1869 年，還有人送來新型乒乓球。

起初，他們認為海維特送來的也和之前送來的許多

新型「乒乓球」一樣不夠理想。但當他們親眼看到雪白的小球扔到地上就彈起後，十分喜愛。他們欣然拿出1萬美元買下了這項發明。這就是世界上最早的真正意義上的乒乓球。

因為它的原料來自纖維素，他們稱它為賽璐珞，意思是來自纖維素的塑膠。這就是人類發明史上的第一種塑膠。他們用這種材料生產了一些家用物品在市場上出售。

賽璐珞是最早的塑膠，而且直到20世紀初仍是唯一的塑膠。到了20世紀初，兩位德國化學家發現，溶於水的甲醛（氣體）能跟脫脂乳中的蛋白成分，化合形成一種堅硬的物質。這種塑膠可以加入各種顏色，做成各種各樣的形狀。它顯示廉價的人造材料將取代許多天然有機物的時代即將到來。

多姿多彩、用途廣泛的玻璃

我們日常生活中使用的玻璃製品是非常多的：窗玻璃、穿衣鏡、燈泡、眼鏡、茶杯、酒瓶、玻璃工藝品……它們的共同特點是透明，可以做成各種各樣的形狀，還不怕腐蝕。

據說，玻璃是古代腓尼基商人偶然發現的。運載天然鹼的腓尼基商船隊在航行中遇到大風浪，無法繼續前進，只好就近拋錨，在沙灘上過夜。他們用鹼塊當石頭，壘起爐灶，燒火做飯。當風平浪靜後，他們收拾鍋灶，準備揚帆起航，忽然發現沙灘上有一些閃閃發光的明珠似的東西，這就是最早的玻璃。

這個古老的傳說告訴我們，玻璃是由沙子做主要原料熔融而來的。沙子的化學成分是二氧化硅。二氧化硅的熔點很高，加進純鹼（碳酸鈉）可以大大降低熔制的溫度，使熔漿容易流動。不過，這樣做出來的玻璃像漿糊一樣，能溶解在水裡，我們把它叫做水玻璃，就是硅酸鈉。

加進石灰石，給水玻璃「吃」鈣片，熔融時和水一樣流動的玻璃液，冷卻後就成為我們常見的玻璃了。在古墓裡發掘出的古埃及哈捨蘇女皇的項鏈——一串墨綠色的玻璃珠，是4000年前人類歷史上最早的玻璃製品，在當時它可是比金銀首飾還要珍貴哪！只是那時熔煉溫度不高，玻璃珠不是很透明。玻璃在很長的時期裡，一直是王公貴族廳堂上的擺設和藝術品，如今已成為非常普通的生活用品和建築材料。用玻璃製作的用具和儀器品種繁多，價錢便宜，很受歡迎。蓋房子的時候，總少不了玻璃做的門窗；法國巴黎的世界博覽會大廳由鋼筋鑲嵌大面玻璃做成，採光很好，號稱「陽光大廈」。

普通的窗玻璃、油瓶、酒瓶等帶有淡淡的綠色，這是製造玻璃的原料裡含有二價鐵離子雜質帶來的綠色。有些藥瓶、啤酒瓶、醬油瓶卻是棕黃色的，這仍然是鐵的雜質造成的，不過不是二價鐵離子，而是三價鐵離子。

要製造沒有顏色的玻璃，選用的原料裡必須不含鐵質。可是，自然界的沙子、石灰石以及純鹼，或多或少總會有一些鐵的化合物。

怎樣消除玻璃中的綠色呢？

用化學的辦法是：往玻璃熔漿裡加進一定比例的二氧化錳。二氧化錳是氧化劑，它能把綠色的二價鐵離子氧化成黃色的三價鐵離子，錳變成了紫色的三價錳。黃色和紫色合成白色，玻璃就變成無色透明的了。

玻璃裡含有不同的金屬化合物，會被「染」上各種顏色。加氧化亞銅，可以得到紅色玻璃；加氧化鈷可以得到藍玻璃；加氧化鉻可以得到綠玻璃……

玻璃也會「老化」。它本是無定型的過冷液體，分子、原子的排列雜亂無章。但是經過長時期的分子運動，玻璃裡會出現局部排列稍有秩序的微小晶體，使玻璃透

光性下降，好像蒙上了一層霧氣，怎麼擦也擦不掉，人們從擦不亮的老玻璃這件事裡得到啟發，乾脆讓玻璃經過淬火處理，使內部分子排列整齊一些，微晶化。這樣的微晶玻璃很像金屬，不像一般玻璃那麼嬌脆。

微晶玻璃茶杯不怕摔，不炸裂，用來做大型反射望遠鏡，不脹不縮，在冷熱劇變的環境裡仍然可以正常工作。用微晶玻璃做車刀，削鐵如泥；還可以加工成人造骨骼。用微晶玻璃做的燉鍋，乾淨，美觀，能直接擺上宴席。

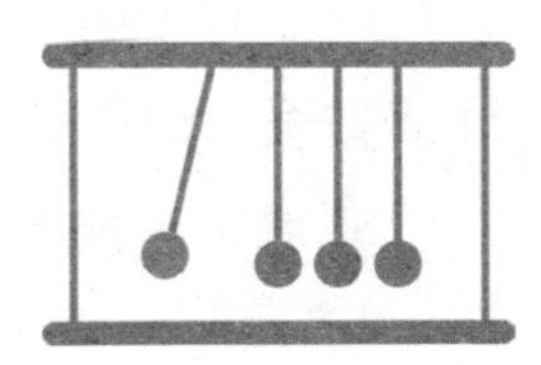

玻璃怎麼會變得與鋼鐵一樣硬

人們常說「像鋼鐵一樣堅強」，卻不說「像玻璃一樣堅強」。其實，這也許是一種偏見。當今世界，果真研究出了一種像鋼一樣堅硬的玻璃——玻璃鋼。用5毫米厚的玻璃鋼做汽車的擋風玻璃，子彈都射不透它！因此，許多國家的元首或億萬富翁，都用它做防彈汽車。人坐在汽車裡就像坐進了保險箱，外面的仇人或敵特分子，空握著手槍，一點也沒有辦法傷著車裡的人。美國總統敢在大庭廣眾之下，面對各界人士講演，是仗著他面前立著的防彈玻璃撐腰。

那麼，玻璃怎麼會變得與鋼鐵一樣硬呢？

原來，這是採用了新的化學工藝製成的。在鋼筋水泥裡，我們知道，鋼筋是「骨頭」，水泥是「肉」。人們研究的玻璃鋼也是受鋼筋水泥的啟發，先把玻璃熔化，拉成細絲。

玻璃絲很有彈性，還可以紡成紗，織成布。人們把一層層玻璃布壓在一起，放在熱熔的透明塑膠裡加熱處理，這樣，玻璃絲成了「骨頭」，塑膠成了「肉」，一塊玻璃鋼就製成了。它的硬度完全可以和鋼鐵相比，決不會像普通玻璃那樣一砸就碎。

玻璃鋼既輕，又不生銹，又不導電，又有鋼鐵的硬度。看來，它還遠勝鋼鐵一籌呢！因此，在化工生產中常用它做耐腐蝕、耐高溫的容器和閥門。

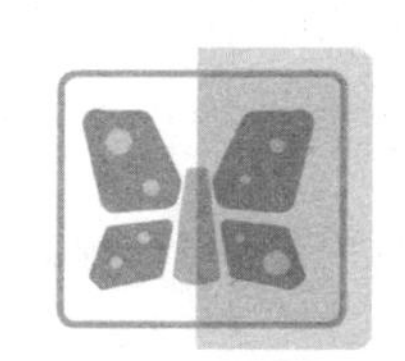

未來的材料世界屬於現代陶瓷

陶瓷材料發展到今天，它的形象已不再是易碎不能磕碰的材料，而且也不是僅僅用來做生活器皿和藝術品的材料了。

現代陶瓷已經廣泛用於空間技術與能源技術，有的人甚至預言：未來的材料世界屬於現代陶瓷。

在工業上用陶瓷刀具來加工金屬零件。在加工冷硬鑄鐵時，陶瓷刀具可承受 1300℃的切削高溫。它的切削壽命是硬質合金刀具壽命的 10 ～ 100 倍。

在化學工業上，用陶瓷來做反應釜的內襯，可以抗酸鹼的腐蝕，而作為防熱材料，在近代高科技領域中，

它也立下了赫赫戰功。

我們都知道，太空梭在太空飛行後返回地面要穿過大氣層。由於飛行速度太快，與大氣摩擦產生了大量的熱，表面溫度可達 1000 多度。為了防止這些熱量損壞太空梭，人們就在太空梭的表面貼上陶瓷材料。

1981 年 4 月，美國的哥倫比亞號就是披著陶瓷外衣飛回地球的。它全身有 34000 塊陶瓷磚覆蓋，這些陶瓷磚是由石英經過特殊處理而製成的。

陶磁磚的表面塗上一層釉，這種釉可以輻射 85％～90％的熱到空間去。有了這層外衣，哥倫比亞號穿過大氣層時，表面溫度達到 1260℃，但在艙內的太空人以及太空梭的儀器儀表都沒有受到損害。

隨著航空事業的發展，太空梭成為反覆使用的宇宙飛船，陶磁材料的保護作用是決不可少的。

陶瓷材料作為耐高溫材料的另一用途，是用來做燃氣輪機的葉片。大家都知道，燃汽輪機可用來發電或做其他的動力機械。它是依靠高溫高壓的氣體噴射到渦輪葉片上而轉動的。燃氣溫度越高，產生的動力就越大。

這種渦輪葉片的材料必須要耐高溫。

目前，世界上多用超級高溫金屬材料做渦輪，它需要配有龐大的冷卻系統，最高溫度也只能達到1100多度。而使用陶瓷材料製作渦輪葉片，溫度可提高到1400℃，使燃氣輪機的熱效率大大提高，而且可以省去龐大的冷卻系統。現在日本、美國及德國等國家，已研製了陶瓷發動機，並把它裝到汽車上。

還有一種叫疊酸鋇半導體陶瓷。它具有一種特殊的性能。當其溫度升到一定程度時，它的電阻會突然增大，而溫度降下來時，它的電阻又會恢復原狀。

利用這種特性，人們製成了自動控溫的電熱器，可用在電鍋、電熱毯、加熱器等電熱器上。它不僅體積小，也很安全。只要到達一定溫度，它就會加大電阻，使電流迅速小下來。同時它也不會像電阻絲那樣被燒斷。

現代陶瓷材料的用途越來越廣泛，人們在氧化錯陶瓷的原料中加入少量的氧化鎂等粉末，就可以製成陶瓷鋼，用來做剪刀、菜刀。還可以將陶瓷製成纖維，做成纖維補強陶瓷，這種陶瓷的韌性很強，可以用來做鋤頭、

鋸子、斧頭等工具。

總之，陶瓷材料正以前所未有的速度向前發展，它將為現代工業及科研提供更加廣泛、更加理想的材料。

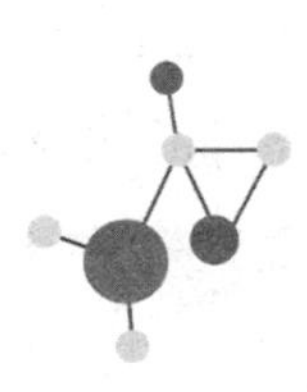

怎樣才能得到人造寶石

寶石歷來是人們所熟悉和珍愛的。用寶石做成的裝飾品和藝術品，人們無不被它的光彩奪目和彩虹般的迷人色彩所陶醉。其實，寶石並不僅僅只是用來裝飾和點綴，它在工業上也是大有用途的。

大家都知道，紅寶石非常堅硬。它可用來做手錶中的軸承。人造紅寶石還可作為鐳射源射出鐳射光；白寶石可以用來做集成電路，用於微型電子計算機、電子手錶等。白寶石還可以做光源，做特殊用途的玻璃。

素有「寶石之王」之稱的金剛石，就更堅硬了。它可以做成工業上用的各種刀具、鑽頭、砂輪等，現代陶

磁的加工就要靠金剛石。此外，由於金剛石對熱的變化十分敏感，人們也用它來做溫度探測零件，用在航空事業中。

寶石有這麼多用途，如何才能得到它呢？天然的寶石十分稀少，在 3000 多種礦物中，只有少數幾十種礦物能切割出寶石來。

隨著寶石在工業上的用途越來越廣泛，現在我們不僅能人工合成大多數的天然寶石，而且還能製造出自然界中沒有的寶石。

第一塊人造寶石誕生在 1891 年。這一年法國科學家維納爾把氧化鋁熔化，加入少許鉻，冷卻後，製成人類的第一塊寶石。以後人們逐漸改進了方法，製出的紅寶石就和天然的一模一樣。

白寶石也是這樣造出來的。人們還造出了蛋白石，這是一種很珍貴的寶石。

天然的蛋白石就像煮熟的蛋白一樣，蛋白石上有彩虹般迷人的色彩，非常美麗。人們用有機硅化物與水、酒精混合，再加氫氧化氨，攪拌後加熱把它們結合在一起就能生成小的蛋白石，它主要用來做裝飾寶石。

金剛石製造起來非常困難，要在1200℃～1300℃的高溫下，加到5萬～10萬個大氣壓，才能合成金剛石。因此，合成金剛石的代價很大，甚至比天然的還貴。於是，人們根據不同的情況及用途採用了代用品，比如可用二氧化鈦晶體、立方氧化鋯的寶石、石榴石等代替。

如果為了同時滿足幾種性能的需要，還可以把幾種寶石黏在一起，製成複合寶石。

隨著合成技術的發展，寶石已不再神秘，人們將用自己的雙手，製出更多、更好、更珍貴、更精彩的寶石來，讓世界更美麗豐富，光彩奪目。

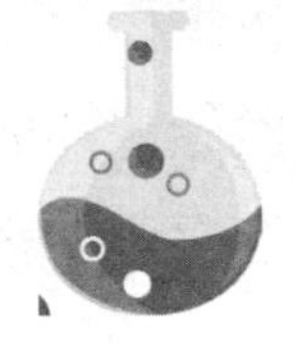
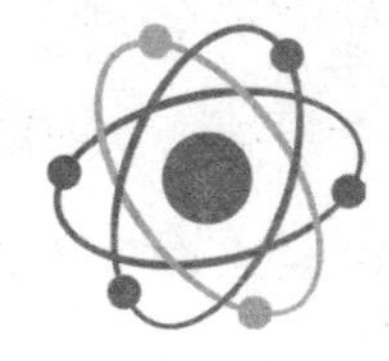
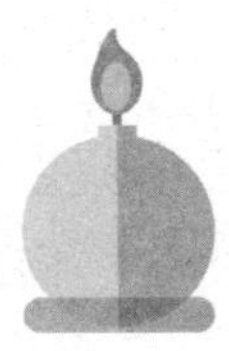

有特殊性能的合金材料

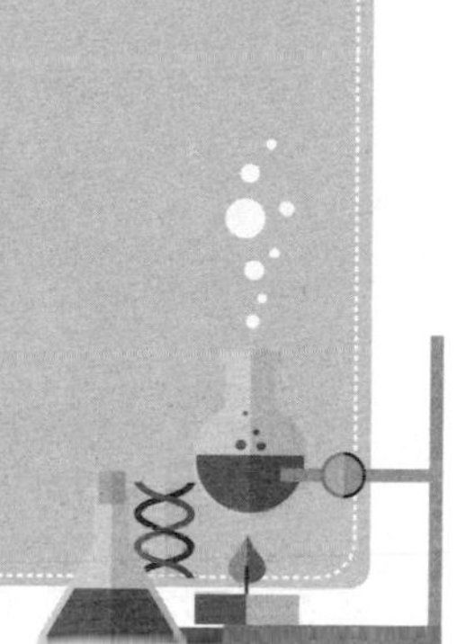

隨著現代化科學的飛速發展，尤其是民生科技及國防部門，對新材料提出了各種各樣的要求，為此，大量具有特殊性質和用途的新材料不斷誕生，其中也包括具有特殊性能的合金材料。

關於有記憶能力的鎳鈦合金材料的故事，大家都較熟悉。據說在 20 世紀 60 年代末，美國海洋研究所在研究鎳鈦合金鋼絲時，把彎曲的鎳鈦合金絲從庫中取出來拉直，放在爐旁待用。不料這種材料竟自己回復到原來的形狀。這種現象引起了研究人員的注意，經過許多次試驗才知道，原來這種材料有一種特殊的可逆結構：當受到較大外力時，材料分子中的原子會暫時離開原來的位置，使金屬絲變形。一旦加熱後，原子獲得運動的能量，在原子結構力的作用下，就又回復到原來的位置，於是材料又恢復到原來的形狀。

利用材料的這種性質，人們把它們運用到太空梭的操縱控制系統上，用來做成宇航拋物天線，在較冷的情況下，可以方便地折合疊攏，受到陽光照射後，又會自動展開成原來的形狀。這種金屬還可用來做恆溫器，溫度到一定程度，由於變形就可以自動切開或接通電源。也可用來做啟閉器。前蘇聯人用它來控制汽錘，他們把這種金屬薄膜裝到汽錘裡，快速的交替加熱冷卻，薄膜就會交替伸直和彎曲，就能控制汽錘上下動作。這種汽錘不用壓縮機，本身也不會振動。在日常生活用品上也可以利用這種金屬，用這種金屬絲製成的服裝，只要穿在身上，由於體溫的作用，就會自動挺括、平直，不會走形。

除了記憶金屬，還有超輕的含鋰金屬，用它製成飛機，重量會大大減輕；用防震金屬製成鋸子、斧頭，鋸

金屬砍木頭都是靜悄悄的，沒有聲音。超塑金屬在加熱後像麵團一樣，可任你擺佈，利用這個特點我們可以輕易地把它製成薄板，再把兩塊薄板疊在一起，周邊焊接好，再把空氣吹進去，一個圓形球罐就製成了。儲氣金屬的作用是用來儲存氣體，一種吸氫氣的金屬，可以吸進比自己體積大 100 倍體積的氫氣，這種金屬可以用作未來汽車上的油箱，只要汽車上有一塊這樣的金屬，在加熱後，它就會放出氫氣，供汽車做燃料，再也不用拖著沉重的油箱，也省去了加油的麻煩。

美國研究出了一種鋁三元合金。這種金屬能溶於水，在溶解過程中放出氫氣和熱量。依據形狀與配方的不同，它的溶解時間也不一樣，長則三晝夜，短則幾分鐘，利用這個特性，可以用來控制化學工業生產流程，也可用於鑄造業。

有特殊功能的合金還有許多許多，人們利用它們的特性，解決了不少科技、生產、生活中的難題。隨著科學及現代工業的發展，我們相信，將會有更多、更實用的功能合金產生出來。

防止噪音的最有效的方法

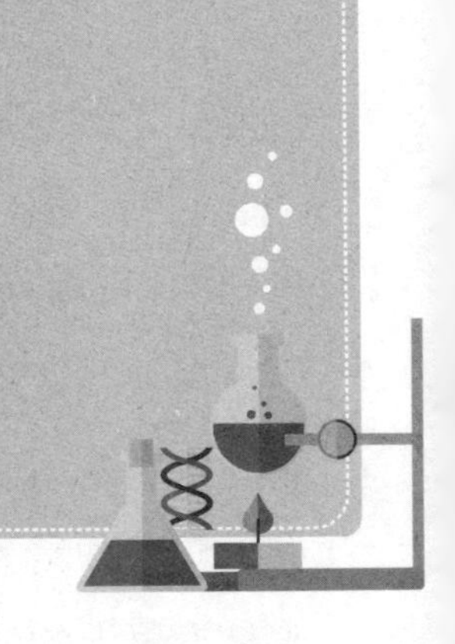

悠揚悅耳的歌聲，能使人消除疲勞，促進身心健康；可是有些聲音，比如飛機的轟鳴聲、機器的隆隆聲卻使人感到煩惱。這些使人煩惱的噪音有相當大的部分是來自金屬的振動，這種振動不僅容易損傷零件，縮短機器的使用壽命，而且危害人們的健康。

防止噪音的最有效、最根本的方法是將發聲體改變成不發聲體。近年來科學家發現了一些金屬本身就有消音作用，即會「吃」噪音的金屬。

首先被發現的會「吃」噪音的金屬是鉛。鉛是導聲性很差的金屬，可是它太軟了，不能用它來製造機器。

於是，人們便把鉛和鋼結合起來，製成了一種新的會「吃」噪音的金屬。這種金屬既有鋼的硬度，又有鉛的不愛發噪音的性能。繼而，人們又把錳和銅製成合金，這種合金比普通的鋼鐵強度大，又有相當的韌性，而且振動發聲只有鋼的五十分之一。

會「吃」噪音的金屬，在國外已經廣泛地應用在汽車、造船、機器製造和家庭電器用具等工業部門。英國用錳銅合金製成螺旋槳，它在高速轉動時也不會發出聲響。日本把會「吃」噪音的金屬加工成鼓風機。有的國家還把它應用到魚雷和潛水艇上，既降低了噪音，又提高了戰鬥性能。

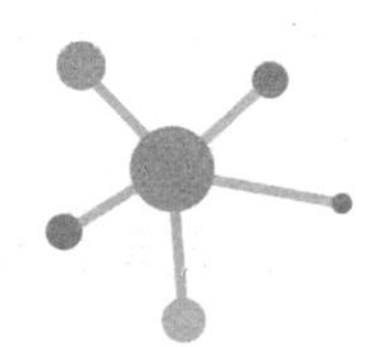

鐵為什麼會生銹

鐵放的時間長了就會生銹。鐵容易生銹，除了由於它的化學性質活潑以外，同時與外界條件也有很大關係。

水分是使鐵容易生銹的物質之一。然而，光有水也不會使鐵生銹，只有當空氣中的氧氣溶解在水裡時，氧在有水的環境中與鐵反應，才會生成一種叫氧化鐵的東西，這就是鐵銹。

鐵銹是一種棕紅色的物質，它不像鐵那麼堅硬，很容易脫落，一塊鐵完全生銹後，體積可脹大 8 倍。

如果鐵銹不除去，這海綿狀的鐵銹特別容易吸收水分，鐵也就爛得更快了。

要除去鐵銹，可以利用各種工具把它鏟掉，也可以

泡在酸性的溶液中把它溶解掉。在去掉鐵銹以後，一定要對鐵器表面進行處理，塗上一層鉛丹，再塗上油漆；或者鍍上別的不容易生銹的金屬。

更徹底的辦法，就是給鐵加入一些其他金屬，製成不銹的合金。我們熟悉的不銹鋼，就是在鋼中加入一點鎳和鉻而製成的合金。

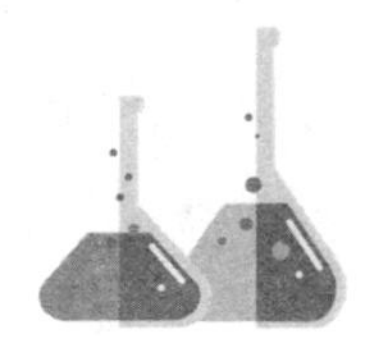

不銹鋼為什麼不易生銹

的確，不銹鋼是不易生銹的。正因為它不易生銹，人們才把它稱為不銹鋼。普通的不銹鋼是在鐵裡摻 18% 左右的鉻製成的，也就是說它是一種合金。此外還有往鐵裡摻和鎳等製成的不銹鋼。

不銹鋼與鐵相比之所以不易生銹，是因為用不銹鋼製成薄板時，其表面會形成一層很結實的覆膜，將內部保護起來。

這種覆膜是一種氧化物，其實也是一種「銹」，因而也可以說不銹鋼是一種比鐵還易於生「銹」的金屬，但它生的「銹」恰恰起了保護膜的作用。

與此類似的是鋁，在鋁的表面也能形成一層氧化覆膜，所以，鋁也不易生銹。不銹鋼也好，鋁也好，它們都有這樣一層氧化膜保護著內部，因此在洗刷不銹鋼製品或鋁製品時，最好不要用去污粉等用力擦拭表面，否則會破壞那層氧化膜。

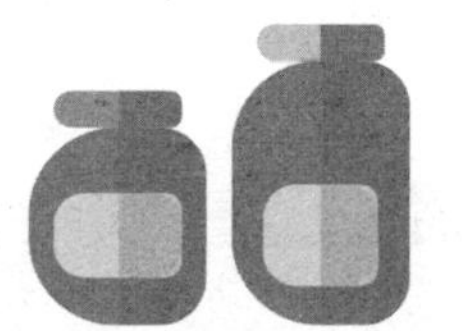

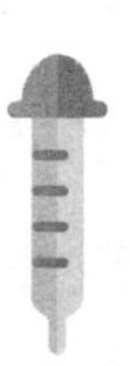

煙火為什麼能產生絢麗的顏色

節日裡燃放的煙火，絢麗的顏色是非常迷人的。煙火為什麼會是五彩繽紛的呢？

因為煙火中含有大量的發色劑，它們其實是各種不同的金屬鹽類。這些金屬鹽在高溫下能產生各種不同的光芒。比如，鈉鹽發黃光，鍶鹽發紅光，鋇鹽發綠光，而銅鹽則發藍光，所以煙火的顏色五彩繽紛。

我們來做一個簡單的實驗：把一段銅絲放到火焰裡燒，你會看到銅絲周圍的火焰變成了綠色！這是銅特有的一種本領，化學上叫它焰色反應。

在煙火裡加進碳酸銅，煙火燃燒後就會發出藍色的

光。如果把碳酸銅和硝酸鍶按一定比例混合，用它們製作的煙火燃燒後會發出紫色的光。

像碳酸銅一樣，還有許多化學藥品都能給火焰染色。如硝酸鍶、碳酸鍶燃燒時呈紅色；硝酸鈉、草酸鈉燃燒呈黃色；硝酸鋇燃燒時呈綠色；硝酸鍶和硝酸鈉按一定比例混合，燃燒呈橘紅色，等等。人們把這些藥品事先按不同順序放在煙火彈裡，就使放出的煙火變得五彩繽紛了。

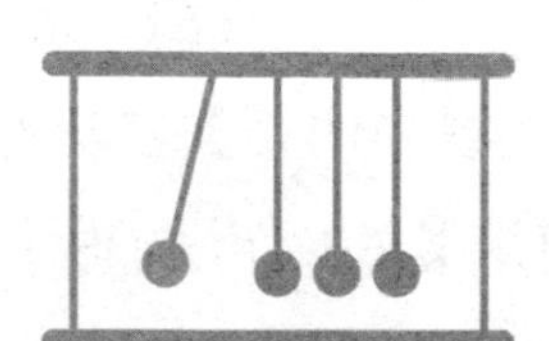

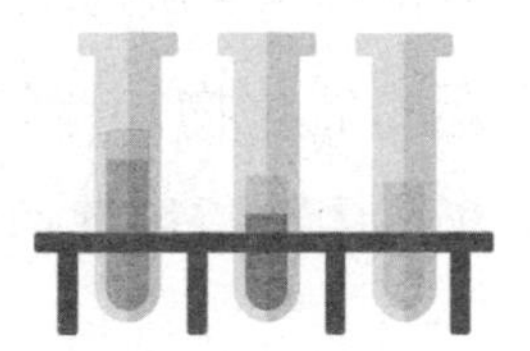

自然界的五色土是怎樣形成的

中國北京中山公園社稷壇上，鋪有黃、青、紅、白、黑五種顏色的土。你知道自然界的五色土是怎樣形成的嗎？

紅土形成於炎熱多雨的氣候條件下。在這種條件下，地表岩石風化而成的土壤中的鐵質氧化加劇，土層中易活動的鉀、鈉、鈣、鎂等成分大量流失了；就連本來比較穩定的二氧化硅（石英），也由於鉀、鈉遇水變成苛性鉀、苛性鈉，而慢慢地被溶解流失了，而鐵、錳、鋁的氧化物卻比較穩定，它們在土壤中便相對富集起來，由於這種紅色的三氧化二鐵的「染色」作用，所以

使土壤也呈現了紅色。

在中國南方比較濕潤的地區，土壤中的鐵質未能高度氧化或者已氧化了的三氧化二鐵含有結晶水，卻又使土壤變成黃色（稱黃壤），它是紅壤的姐妹土壤，與陝、甘、豫一帶的黃土是不同的兩種土壤。

土壤中鐵的狀態若是氧化鐵，那麼土壤就呈青（灰）色。白色土壤，則是由於石英、正長石及高嶺土含量較多的緣故，或者土壤中含有一定量的石灰質和鹽分也能使其顏色變白。

黑色土壤，往往是有機物質含量豐富的反映，通常土壤中含有機質在2%以上，土壤的顏色便開始變灰，隨著其中有機質含量的增加，土壤的顏色可以由灰變黑。

土壤的黑色，除了由於腐殖質的大量積累的原因之外，還原狀態的鐵、錳也可使土壤具有黑色。可見，土壤的顏色和土壤中礦物成分和有機質的含量有關。

變色鏡片的奧祕

許多汽車司機在開車時常常戴著一副黑眼鏡。在陽光下或者積雪天駕駛汽車的時候，這副黑眼鏡能保護眼睛不受強光的長時間刺激。

可是，當汽車突然由明處駛向暗處的時候，戴著黑眼鏡反而變成了累贅。一會兒戴，一會兒摘下，實在太不方便了！有什麼好辦法可以用來解除司機的這個苦惱呢？

有，戴上變色眼鏡就行。在陽光下，它是一副黑墨鏡，濃黑的玻璃鏡片擋住耀眼的光芒。在光線柔和的房間裡，它又變得和普通的眼鏡一樣，透明無色。

變色眼鏡的奧祕在玻璃裡。這種特殊的玻璃叫做「光致變色」玻璃。它在製造過程中，預先摻進了對光敏感的物質，如氯化銀、溴化銀（統稱鹵化銀）等，還有少量氧化銅催化劑。眼鏡片從沒有顏色變成淺灰、茶褐色，再從黑眼鏡變回到普通眼鏡，都是鹵化銀變的「魔術」。

在變色眼鏡的玻璃裡，有和感光底片的曝光成像十分相似的變化過程。鹵化銀見光分解，變成許許多多黑色的銀微粒，均勻地分佈在玻璃裡，玻璃鏡片因此顯得暗淡，阻擋光線通行，這就是黑眼鏡。

但是，和感光底片上的情況不一樣，鹵化銀分解後生成的銀原子和鹵素原子，依舊緊緊的挨在一起。當回到稍暗一點的地方，在氧化銅催化劑的促進下，銀和鹵素重新化合，生成鹵化銀，玻璃鏡片又變得透明起來。

鹵化銀常駐在玻璃裡，分解和化合的反應反覆無窮的進行著。照相底片和相紙只能用一次，變色眼鏡卻可以一直使用下去。變色眼鏡不僅能隨著光線的強弱變暗變明，還能吸收對人眼有害的紫外線，的確是眼鏡中的上品。

如果把窗玻璃都換上光致變色玻璃，晴天時，太陽光射不到房間裡來；陰天或者早晨、黃昏時，室外的光線不被遮擋，室內依然明亮的。

這就彷彿扇扇窗戶掛上了自動遮陽窗簾。在一些高級旅館、飯店裡，已經裝上了變色玻璃。汽車的駕駛室和遊覽車的窗子裝上這種光致變色玻璃，在直射的陽光下，連變色眼鏡都不用戴，車廂裡一直保持柔和的光線，避免了耀眼的日光和暴曬。

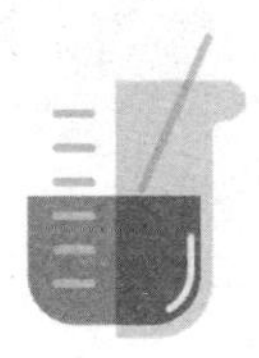

為什麼酒越陳越醇香可口

俗話說：「百年陳酒十里香。」白酒經過陳放以後，會變得醇香綿柔、美味可口。原來，酒經過陳放以後，酒中的酒精和水要進行緩慢的締合，這種締合是一種極緩慢的物理變化。

陳放時間越長，締合得越多，酒的烈性就越降低，越綿柔。但是當酒中的酒精與水締合到一定程度，就會趨向平衡，出現停止狀態，所以無限期陳放是沒有意義的。

另外，剛釀出的酒中，含有酸、醛、酯及雜醇油等成分，在陳放的過程中，它們會發生化學變化，如醛被氧化成羧酸，醇與羧酸化合成酯，這就增加了酒的香味。由於這些變化都是在沒有催化劑的情況下進行的，所以速度很緩慢，需要較長時間才行，因此，優質酒常要進行半年或幾年甚至幾十年的陳放。這是一種古老的傳統的釀酒方法。

如今，人們正在採用新科學，如微波處理，以便大大縮短酒的陳放時間。

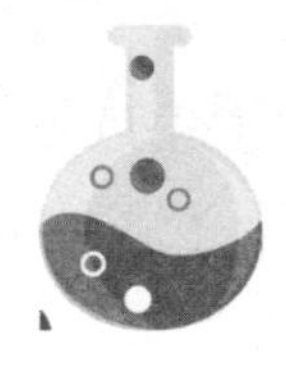

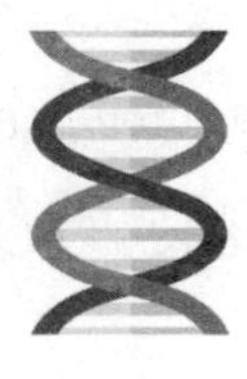

糖為什麼有甜味

生物化學的分析證明，糖的甜味跟化學作用、電荷的相互吸引、分子中原子間的束縛，以及質子和電子間不可思議的距離有關。

具有甜味的第一個要求，是當食物被咀嚼而跟唾液混合後，必須生成一種特殊的分子，其中要有一個氫離子被分離出來。

第二個要求是分離出的氫離子必須是帶正電的單個質子，它可以從鄰近的帶有負電荷的粒子那兒得到一個電子，而達到穩定態。

糖的秘密還在於，對於絕大多數具有甜味的分子，其單個質子到鄰近原子的最外層電子間的距離為 3 埃，即三億分之一公分，是造成甜味的關鍵。

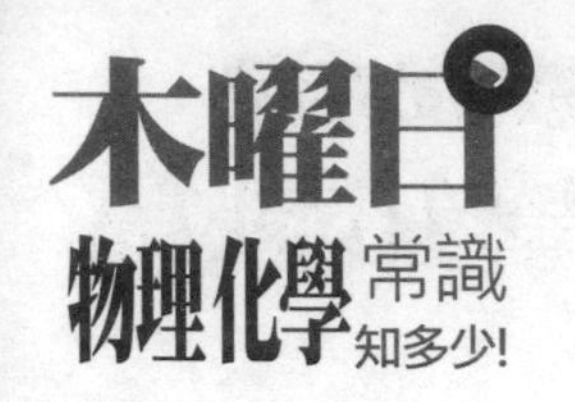

最後，用舌頭來接觸的時候，這些「甜分子」必須和味蕾中的「甜味感受器」排列成對。

「甜分子」和「甜味感受器」緊密相遇，共同引起神經末梢的快感，並激起人們對於「甜」的味覺。

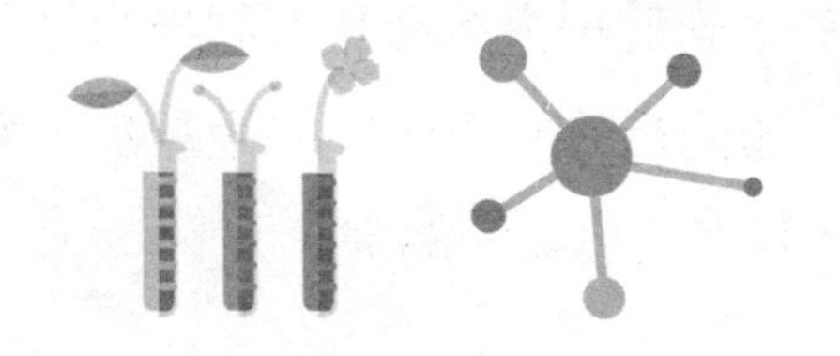

生活中無處不在的酸

酸，人們離不開它。自古以來，醋就是日常必備食物。醋裡面起重要作用的是含量占6%左右的醋酸，此外還有葡萄酸、琥珀酸、氨基酸、乳酸以及糖、鹽、醛類。

醋的歷史悠久，用途廣泛：它可以刺激食慾，幫助消化，涼拌菜淋點醋可以殺菌，煮魚的時候加點醋，可以去腥，燉牛羊肉滴一點醋能加速爛熟；用蘸濕了醋的布包裹魚肉還可以在炎熱季節防腐保鮮，炒蔬菜時灑點醋可以保護維生素C。

進入人體後，醋酸可以幫助骨骼裡的鈣質溶解，促進骨骼生長。經常在洗臉水裡加一匙醋，可以保護顏容細嫩；浴池水中加點醋，洗後消除疲勞，讓人感覺特別舒服；連擦皮鞋上油時滴一滴醋，擦出來也顯得格外明亮！

你不要以為吃一些檸檬、青葡萄、酸橘子就會給體內帶來酸。其實，可不是那回事。這些東西儘管酸味很濃，可是經過消化道裡去粗取精，再由叠分解，補充到血液裡去的養分卻變成充滿鹼性的鉀、鈉、鈣、鎂等元素。而在味覺神經上毫無「酸」的印象的米、麵、油脂、雞、魚、肉、蛋等，被消化攝取的磷、氯、硫、溴、碘，卻往往成為酸性養分供給血液新陳代謝使用。

一般來講，人體正常生命活力，需要在血液和體液中保持酸性物質微多於鹼性物質比較適當。但酸性過多了會形成酸性化，年輕人為此會出現皮膚過敏或粉刺增多；中年以後則會導致神經衰弱、動脈硬化、腦溢血等。所以，醫生總是告誡人們食物宜清淡，要多吃蔬菜水果，就是為了保持身體裡酸鹼適度的緣故。

久不活動，偶爾參加一次重體力勞動或劇烈運動，常會感到腰腿痠疼。這是因為，肌肉中的葡萄糖在新陳代謝中要先分解成乳酸。劇烈的活動使肌肉裡堆積了較

多的乳酸，這就使你產生酸疼之感了。腸道裡的乳酸會防止腸內異常發酵，抑制腸內腐敗和有毒菌類的滋生，加強腸道蠕動、分泌和吸收。肝臟中的乳酸則協助做解毒和各種維生素的合成工作。如果體內乳酸減少，就可能引起許多疾病來。

日常生活裡蒸饅頭、烤麵包離不了乳酸來發酵麵粉，許多人喜歡吃酸菜、泡菜以及風行各地的益生菌，也都要靠乳酸起作用。

現在乳酸衍生物已逾千種，像乳酸鈣、鍶、鐵是治病的藥物，乳酸銨是飼料的添加劑，乳酸銻是媒染劑，乳酸鉛是防汗劑，乳酸銅可制殺蟲劑，乳酸鈉是增塑劑，乳酸乙酯更是各種名酒飄香的重要成分。

一個人的頭上大約有 10 萬根的頭髮，每根頭髮的直徑只有 0.006 ～ 0.007 公分。然而你可知道在那麼纖細的一根頭髮裡，卻含有精氨酸、組氨酸、胱氨酸、脯氨酸、賴氨酸、纈氨酸、亮氨酸、蛋氨酸等 18 種氨基酸。現在人工提取合成的精氨酸、胱氨酸已臨床應用於醫治肝炎和各種脫髮症；脯氨酸治療高血壓；組氨酸醫治消化道潰瘍；幼兒每日膳食加入 0.5 克的賴氨酸，將大大有助於身心、智力的發育。

酸，還與孩子和父母的相貌相似有關。原來決定遺傳功能的物質是人體裡的核酸，核酸是由幾十到上萬的核甘酸連接而成。核酸以不同的化學組成分別叫做核糖核酸和脫氧核糖核酸。

在電子顯微鏡下，脫氧核糖核酸以雙股螺旋梯形排列成千差萬別的遺傳密碼，在蛋白質的作用下，父母將自己的核酸傳遞給子女，一個相貌以至性格都近似的新一代就被「複製」而誕生了。

強功能的酸也會傷人。比如，硫酸就具有極強的氧化與腐蝕能力，人體接觸會被「燒」傷，衣服碰上會被「燒」破。比硫酸還厲害的是一分濃硫酸與三分濃鹽酸合成的超強酸，它能溶解黃金。以後人們又發現一種五氟化銻和氟磺酸的混合物，竟比濃硫酸強 100 萬倍，被稱之為「魔酸」。

通常講酸的概念，是指在電解情況下生成的陽離子全部是氫離子的化合物。由於形態各異，它可分一元酸

（如鹽酸）、二元酸（如硫酸）、多元酸（如磷酸）；又可分成強酸（如硝酸）、弱酸（亞硫酸）、含氧酸（硅酸、碳酸）、無氧酸（氫溴酸等）以及有機酸和無機酸等。各式各樣的酸還會喬裝打扮，使你難識「廬山真面目」。

比如，食用菜子油時有一種不同於其他食油的別緻味道。原來菜子油裡除含有棕櫚酸、硬脂酸、油酸、亞油酸、亞麻酸外，還含有大量芥酸的緣故。羊肉味道鮮美，可是它有一種膻味使不少人卻步不前，這種膻氣就是由一種揮發性很強的癸酸引起的。此外，還有帶甜味的甘氨酸和色氨酸，帶苦味的苦味酸，臭味很濃的苯酚，含有劇毒的氫氰酸……

千姿百態的酸在自然界裡構成了一個龐大的家族。這個家族的成員透過多種多樣的渠道，和人們生活保持著千絲萬縷的聯繫，任何人也離不開它。所以說，酸，與你結下不解之緣。

為什麼說碳 14 是生命的時鐘

只要是歷史悠久的國家，每年都會有大量的文物出土。如何來判斷這些古文物或古屍的年齡呢？那就需要用碳 14。

碳 14 是什麼呢？這要從 1912 年說起。當時奧地利有一個科學家叫赫斯。他在研究空氣導電程度的過程中發現，在 1000 公尺以上的高空，空氣的電離程度大大加強，於是就發現了空中存在著許多宇宙射線。宇宙射線在轟擊大氣層時，會產生許多高能中子。這些中子再撞到空氣中的氮原子或氧原子上，就把它們變成了新的碳原子。這個碳原子由 6 個質子和 8 個中子組成（比一

般碳原子多 2 個中子），這就是碳 14。它是碳的放射性同位素，很不穩定。

碳 14 在大氣中，很快被氧化生成二氧化碳。在進行光合作用時，二氧化碳被植物吸收，植物中的含碳 14 的二氧化碳又會進入動物體內，因此凡是生物，在活著的時候，都要不斷地吸收碳 14，直至死亡。

生物死亡後不再吸收碳 14。它體內的碳 14 由於不斷放出電子而衰變。平均每過 5730 年碳 14 的放射強度就減少一半。生物死後不能再補充碳 14。又因為 100 萬年以來，宇宙射線的強度、成分幾乎不變，因而碳 14 的生長率是恆定的。碳 14 的產生與蛻變這兩種過程處於動態平衡，所以大氣中碳 14 的含量是穩定的。根據這樣一些特性，我們只要測出出土的古屍中所含碳 14 的強度，再與正常強度對比一下，根據碳 14 的蛻變週期，就可以算出古屍的年齡了。

那麼用什麼方法來測所含碳 14 的多少呢？因為碳 14 在衰變中會不停的放出 β 射線，我們只要測出放出的 β 粒子數，就可知含碳 14 多少了。一般先把樣品碳化、製成氣體如乙炔，直接用計數管來測得 β 粒子的個數。也可以把樣品製成液體，加入閃爍體，碳 14 衰變時產生的 β 射線激發閃爍體發光，再用光電倍增管測出閃爍次數。用以上兩種方法測數千年的樣品，精準度誤差為 20 ～ 30 年。

但是，在使用這兩種方法中，科學家們遇到了許多困難。由於碳 14 衰變的放射性很微弱，而且樣品年代越久，放射性就更微弱，一般大約有 4×109 個碳 14 原子才有一個衰變，因此測量一件樣品需要的時間很長，一般都要進行幾天。為了記數準確，還需要較多的樣品，一般若製成 5 毫升樣品體，就需要 15 克木頭，要是其他東西，如骨頭、布等則需要更多。這對於珍貴的樣品來說，幾乎是不能允許的。

針對這些困難，科學家們發明了另一種新方法。這種方法不測碳 14 的放射性，而直接測碳 14 的原子個數及在樣品中占的比例，就可求出樣品的年代。科學家們把樣品中的碳 14 原子汽化或電離，再放入加速器中使碳 14 原子加速，這樣就分離開其他原子，透過計數器

來記錄樣品中碳 14 的個數。這個方法稱為 AMS 法。用這種方法很省時，一般一個小時就可測出，而且無須大量樣品，只用前兩種方法所需樣品的千分之一就足夠了。

科學家們曾經用 AMS 法測量極地的冰雪沉澱中夾雜著的氣泡，這些古老的氣泡珍藏了許多古大氣、古海洋、古氣候的寶貴資料，如果用 β 射線法來測，那簡直不可想像，那需要上噸的極地冰，而 AMS 法只要幾克冰就足夠了。有了 AMS 法，就可以測定更古老年代的樣品了。

由於近代核爆炸及人類大量使用煤和石油的原因，大氣中的碳 14 略有些變化，為了判斷的精確，科學家們在測定中要進行適當的修正。可以用樹的年輪校正曲線進行修正，因為樹的年輪樣品所含碳 14 的數量是絕對準確的，用它來對照製成曲線或圖表，就會相當精確了。

中國考古學家用碳 14，測出馬王堆出土的女屍距今已有 2200 多年了。科學家們都稱碳 14 是生命的時鐘。

能不能把油和水溶在一起

世界上的許多物質都是同性相斥，異性相吸的，比如電荷、磁極等。但是，液體卻與此相反，它們是同性相溶，而異性卻互不相溶。

我們都有這樣的常識：把牛奶放入水中，牛奶和水就溶在一起，酒精也是一樣。但是，我們把一勺油或煤油放在水中，儘管我們用勺劇烈地攪動，油也是一滴滴地浮在水上，只要安靜一會兒，油和水就又分開，油浮在上面，水留在下方，中間有一條明顯的界限。

為什麼會有這種現象呢？原來這是因為液體分子的構成不同。

有的分子，它的原子中的電子對稱排列，因此分子中的電荷均勻分佈，這種分子叫無極分子，比如油、煤油就屬於這種分子。而另一些液體分子中原子的電荷不是對稱排列，帶正電的在一頭，帶負電的在另一頭，整個分子就像是一頭帶正電，而另一頭帶負電，這種液體分子就叫有極分子，水、牛奶、酒精……就屬於這類分子。

當我們把有極分子類的液體混在一起時，由於靜電吸引，它們會互相聚集在一起，彼此相溶；而把無極分子的兩種液體混在一起時，由於它們都沒有較強的靜電作用，分子熱運動成為主導作用，就使這兩種液體的分子相互滲透，也表現為相溶。

如果我們把有極分子的液體和無極分子的液體混在一起，那會怎樣呢？兩種分子就會互不相溶，互相排斥，形成一道明顯的界限。

我們能不能把油和水溶在一起呢？當然可以。我們都有這種經驗：把油、水及肥皂水放在一起，它們就不會相互分層。這是因為肥皂是一種表面活性劑，它的長分子一端親水，一端親油，當與水和油混在一起時，親水的一端向水，親油的一端向油，根據不同油和水的比例，就可以形成油包水或水包油的液膜，這樣，就不會再有明顯的分層界限了。這也就是我們用肥皂洗油污的道理。

利用這個原理，科學家們研究出了液膜技術。利用液膜可以撲滅油井大火，還可以用來處理工業污水，並可以用於人工腎，人工肺，等等。液膜技術是化學世界裡綻開的一朵新花，它正飛速的向前發展。

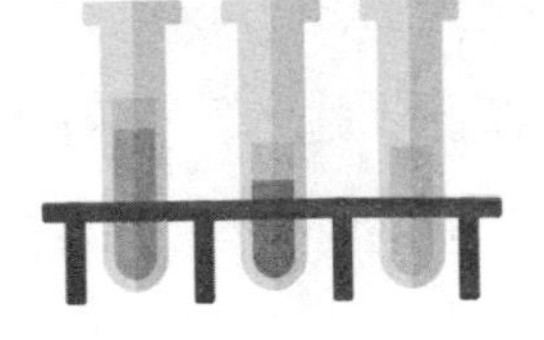

毒品對身體的嚴重危害

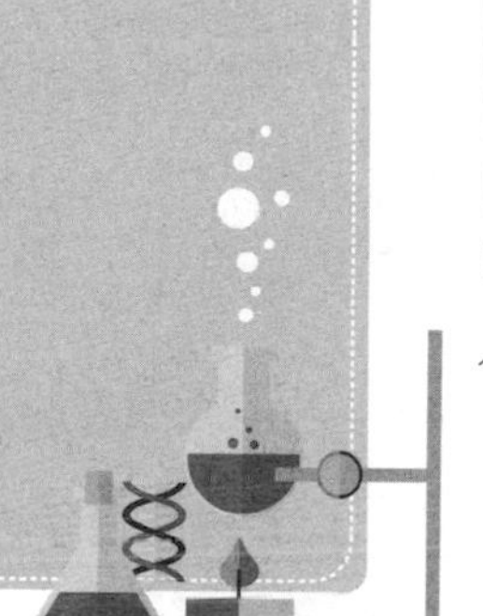

說到毒品，就不能不想到鴉片；說到鴉片，就不能不想到中國近代史上那場刻骨銘心的鴉片戰爭。

19 世紀，英國政府和不法商人為了牟取暴利，滿足他們的窮奢極欲的揮霍，大量偷運鴉片進入中國。上億兩的白銀大量外流，人民的血汗財富付之東流，而上了鴉片癮的國人，成了精神委靡、骨瘦如柴的大煙鬼，這更是對中華民族精神上的摧殘。

於是，歷史上有了中國人民查禁、銷毀鴉片的正義之舉，也有了鴉片戰爭中英軍的入侵，一場鴉片戰爭，使大清帝國逐漸淪為半殖民地半封建社會，中國也開始了 100 多年的反壓迫與抗爭的近代史。鴉片戰爭的罪魁禍首是喪失人倫的侵略者，但助紂為虐的鴉片，也是十惡不赦。

鴉片也叫大煙，是從罌粟科植物罌粟中提取到的。這種原產於小亞細亞、有著美麗而鮮艷的花朵的植物，果實分泌出來的漿汁經加工可製成黑色膏狀物，這就是鴉片。

本來，鴉片可以治療腹瀉，還可用來止痛，但吸食鴉片可以引起愉快夢幻般的感覺，雖可以使體內的疼痛消失，卻也容易產生依賴性而上癮。

癮君子們身體的健康狀況將大受影響。一旦沒有鴉片可供吸入，就會又流鼻涕又淌淚，瞳孔散大，全身出現雞皮疙瘩，背部和腿部劇痛，雙腳抽動，甚至會在床上縮成一團，長期如此則更是痛苦不堪。

於是意志薄弱者便喪失天良，不顧道德與責任，甚至賣兒賣妻也想再入「天堂」，因而鴉片嚴重危害生命與社會。

除了鴉片外，還有可卡因、大麻等也是較為流行的

毒品。可卡因是從古柯樹樹葉中提取出來的，學名古柯鹼。雖然它有興奮大腦、提高人們對疲勞的耐受性和麻醉與鎮痛作用，但也極易上癮，癮君子為了縱樂而長期大量用藥，會身心俱損，體重銳減，皮膚劇疼，還容易引起各種感染，因而濫用可卡因也是一個嚴重的社會問題。

大麻則是植物大麻的葉子和花中提取的樹脂樣物質，主要成分是四氫大麻酚。

大量服用大麻，可以使人的意識與知覺發生變化，引起幻覺，大腦中原有的各種客觀現實的印象以及一些想像、慾望，在大腦中雜亂紛呈，造成大腦功能紊亂、神經系統失調，甚至類似於精神病的發作，社會責任心與上進心也就極易喪失，對身心危害極大。

毒品的濫用已經成為現代社會的一個普遍的具有嚴重危害性的問題，各國政府對吸毒販毒都加以嚴厲打擊。

其實，大自然製造這些物質並非蓄意為惡。像鴉片的主要成分嗎啡便是具有良好的麻醉、鎮痛效果的藥品，只是容易上癮這麼一道缺憾，使生命體的身心健康易受毒品危害，甚至生不如死。

目前，化學家們已經對這些化學物質進行了深入的研究，分離、提純、合成、結構改造工作有序地進行著，毒品改惡從善的希望與日俱增，這無疑對生命的安全是一道天大的福音。

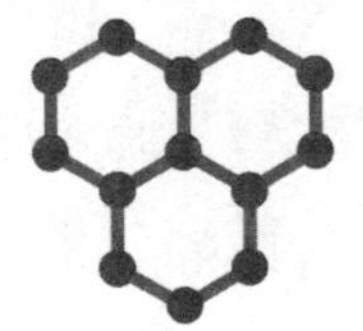

吸菸對人體健康的危害

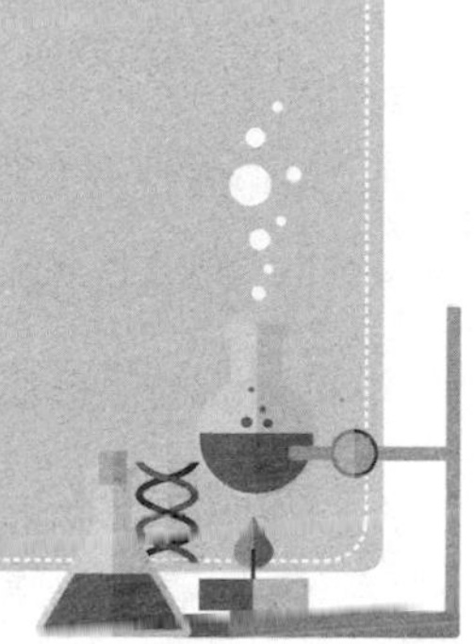

吸菸是室內環境的主要污染源之一。吸菸對於人體健康有嚴重危害，但是吸菸的人數卻越來越多。

面對這種現象，在 1987 年召開的第 39 屆世界衛生大會上，世界衛生組織作出一項決議：決定 1988 年 4 月 7 日為世界無菸日，要求世界各國對群眾進行戒菸宣傳，群眾在這天不吸菸，商店不售菸。

事實上，吸菸不僅對本人有害，也危及吸菸者周圍的人。吸菸引起的室內環境的污染，已引起國內外人們的關注，下面簡述一下煙霧中的污染物及吸菸帶來的危害。

每支紙菸在燃吸過程中，產生的主煙流總重為400～500毫克，主煙流中氣態及蒸汽約占92%以上。氣態中含有400～500種成分：其中氮占58%，氧占12%，二氧化碳占13%，一氧化碳3.5%；在蒸汽成分中，煙類占40%，水分佔70%，醛類占14%，酮類占9%，疊占6%，醇占1.5%，雜環化合物約占1.5%，酯類占1%，其餘化合物占7%。

在煙霧氣體中，有些氣體絕對量雖然很少，但其濃度比各該氣體在工業上的允許濃度要高2～4倍。

許多可變因素影響到香菸煙霧中的多環芳烴，諸如噴煙次數和持續時間、菸草的種類、香菸中水分含量、捲菸紙和過濾嘴的類型與滲透性都關係到多環芳烴（PAH）的分佈。

在1972年之前就已鑑定了香菸煙霧中，含有許多單個的PAH，後來又鑑定出150種以上的PAH，包括雜環PAH。

菸卷中不僅含有多環芳烴，而且還有微量元素和有害元素以及放射性元素。美國醫學專家研究表明，菸草中除含有害化學物質外，還有放射性元素。

一個人如果每天吸 30 支香菸，則一年吸入肺部的射線劑量相當於接受 300 次胸部 X 光射線透視。

大家都知道，香菸在燃吸過程中會產生兩部分煙氣，其中被吸菸者直接吸入體內的主煙流，僅佔整個煙氣的 10%，90%的側煙流則瀰散在空氣中，如果在居室內吸菸，易造成室內空氣的污染。

不吸菸的人，在吸菸污染的室內，同樣會受到煙氣的危害，這就是所謂的被動吸菸。

透過血液、尿液和唾液的化驗，可以檢查出吸菸者體液裡含有一定量的尼古丁、碳氧血紅蛋白及硫氰化物等。

不吸菸的人體液裡一般不含有尼古丁和硫氰化物，碳氧血紅蛋白含量也較低，但在煙霧環境中逗留後，也照樣可以檢查出來，而且逗留時間越長，含量也越大。

有人做過實驗，在一個 43 坪的不通風的房間裡，點燃 8 支紙菸和 2 支雪茄，使 12 名志願參加試驗的不吸菸者進入室內，停留 78 分鐘。

在受試者進入室內前 10 分鐘和進入室內後 10 分鐘各採一份血樣，分析血漿中尼古丁；同時，受試者在入室前排空尿，各留一份尿液標本，出室後再收集一次尿液標本，分析尿中尼古丁含量。結果發現，所有被動吸菸者的血漿尼古丁含量平均從 10.7 微克 / 升，增加到受試後的 80 微克 / 升。

被動吸菸者的碳氧血紅蛋白也同樣會增高。9 名吸菸者和 12 名不吸菸者在不通風的室內進行試驗，9 人共吸完 32 支紙菸和 2 支雪茄。

78 分鐘後，試驗結果發現，所有的人碳氧血紅蛋白都增加了。

其中不吸菸者血液裡碳氧血紅蛋白平均含量，從試驗前的 1.6%增加到試驗後的 2.6%，增加了 62.5%。流行病學的調查也證明了以上試驗結果。

據調查，婦女得到肺癌的死亡率與其丈夫是否吸菸有關。如果依其丈夫不吸菸者為 1.00，則其丈夫中度吸菸者為 1.61，重度吸菸者為 2.08。

本身不吸菸又無被動吸菸史的婦女，肺癌每年統計

死亡率為 8.7/10 萬，被動吸菸婦女的肺癌每年統計死亡率則為 15.5/10 萬。

事實上，凡吸菸所能引起的種種疾病，在被動吸菸者身上都有可能發生，吸菸不僅損害自己的健康，還造成空氣污染，使家庭中其他成員被動吸菸，與吸菸者一樣遭受菸的種種危害。

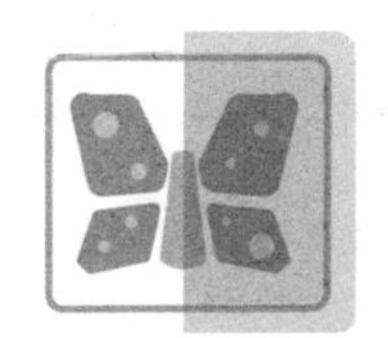
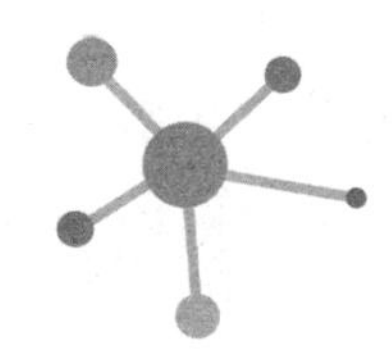

對人體危害較大的室內主要污染源

黏合劑、塗料、填料在建築業中廣泛使用。如膠合板、刨花板、尿醛泡沫填料、各種塑膠貼面，這些材料中均含有各種有機溶劑及甲醛，成為室內主要污染源之一，其中以甲醛、揮發性有機化合物對人體危害較大。

甲醛是一種無色帶辛辣味的刺激性氣體，在不同溫度、濕度下，它可以從各種膠合板、刨花板等膠黏木製品、絕緣保溫材料中釋放出來。在一些已裝潢好的預售屋內，空氣中甲醛濃度可達 3.55 毫克 / 立方公尺。甲醛易溶於水，故當接觸甲醛時，可引起皮膚、眼和口腔黏膜刺激以及過敏反應。

許多新型建築材料都與高分子量聚合物分不開，又涉及各種溶劑。美國環保局報告：已在室內鑑定出 350 種揮發性有機化合物，其中芳烴類如甲苯，脂肪烴類如正壬烷到正十一烷為最多，此外一些清潔劑、除臭劑、殺蟲劑也是室內有機蒸氣的重要來源。

油漆一般都含有許多有害物質，其中主要有鉛、鉻等。比如，黃色油漆是用鉛鉻黃顏料配製而成的，主要成分是鉻酸鉛，鉛含量占顏料總量的 64%，鉻含量占 16.1%；黑色油漆中含有硫化鉛，金黃色油漆中含有碘化鉛，白色油漆中含有鹼式碳酸鉛，紅色油漆中含有四氧化三鉛等。其他顏色的油漆應由這幾種顏料調和而成，因此油漆也是室內污染源之一。

由於鋁的許多有價值的性質，如質輕、導電性和耐腐蝕性，所以鋁的用途超過任何其他基本金屬。家庭用具和器皿常常是鋁製的，食品加工容器和大型公共食堂設備也是如此。鋁作為主要用途之一是包裝工業，用於補托物、罐頭以及其他食品和飲料容器。

鋁的化合物作為食品添加劑，或以其他方式被用於

食品工業及水的處理，硫酸鋁、氫氧化鋁或釩土，具有廣泛的應用。

自從鋁首次作為製造家庭用具和食品加工設備以來，日常飲食中人總的攝入量為 80 毫克。在美國，對 16 ～ 19 歲男孩的研究顯示，日常攝入量的 8.8 ～ 51.6 毫克鋁。目前還沒有充分的根據證明透過鋁灶具烹調食品會導致攝入金屬量增加，在酸性或強鹼性條件下，食物吸收只稍高於中性條件的情況。

在無污染的情況下，淡水含有約 10 毫克 / 升的鋁。牛奶中鋁含量為 1 ～ 2 毫克 / 升。

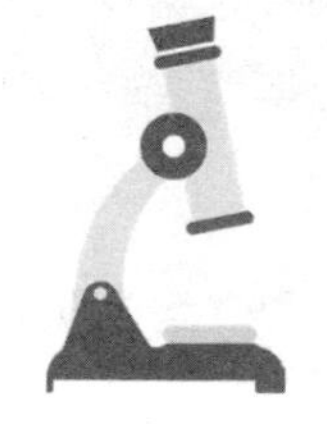

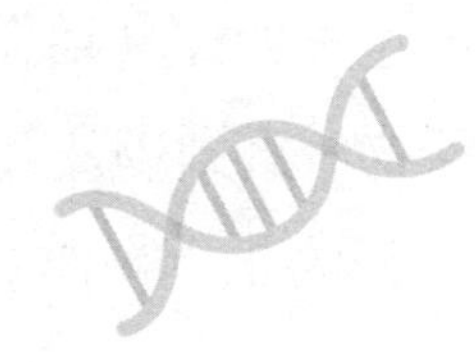

人類最初對火的應用

火山爆發、雷電襲擊、隕石落地、長期乾旱都可能產生火。人類的祖先在漫長的歲月中逐漸接觸火而認識到：火可以帶來光明、取暖禦寒、燒烤食物、驅走野獸，於是，從野火中引來火種，並努力維持火種，使它為人類服務。

人類從什麼時候開始用火？在中國雲南元謀猿人遺址，發現了大量的炭屑和被火燒過的動物骨骼，距今可能有 170 多萬年，這是已知的人類最早的用火遺跡。

在舊石器時期，用火已很普遍。在中國周口店 50 萬年前的猿人洞穴中，發現了很厚的灰塵，灰層中有木炭、燒過的獸骨、燻黑了的石塊，這可以證明，它不是野火的跡象，而是北京猿人有意識用火的遺跡。

引進、使用和保存天然野火，要受到自然界種種條件的限制。人類在生活中終於發現了摩擦生火，進而發明了鑽木取火。

對這類取火方法，世界許多民族都有記載。如《莊子‧外物篇》有「木與木相摩則然」；《韓非子‧五蠹》裡有「民食果蓏、蚌蛤，腥臊惡臭，而傷害腹胃，民多疾病；有聖人作，鑽燧取火以化腥臊，而民悅之。」鑽木取火的方法在中國、埃及、巴比倫、印度都沿用了很長的時期。

火的使用使人類自身的體質和大腦得到進一步進化，從而最終把人和動物分開，而鑽木取火的發明，第一次使人類駕馭了一種自然力。

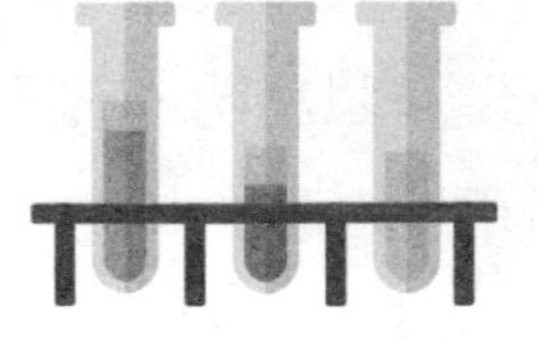

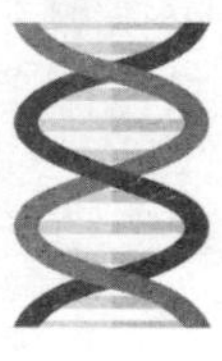

奇特的燃燒現象

1982 年，法國東部城市梅茨有家麥芽廠的糧食倉庫發生了大爆炸，4 座幾十公尺高的鋼筋混凝土糧食倉庫被摧毀，18 人死亡，全廠陷入癱瘓，周圍的居民也受到極大的驚嚇。調查分析結果表明，罪魁禍首竟然是倉庫裡的糧食粉塵。

其實這也不稀奇。我們知道燃燒的充分必要條件有兩個：一是溫度要達到物質的燃點，二是要有充足的空氣。粉塵的體積很小，而且每一粒粉塵的表面都與空氣充分接觸，當空氣中的粉塵含量達到一定程度時，任何一個微小的火種都會使它達到燃點而燃燒起來，並使有限空間空氣的溫度由室溫一下子升到幾百度以上。這時候空氣會急劇地膨脹起來，從而引起爆炸。

梅茨的糧倉爆炸事件並不是唯一的事故。據統計，僅美國新奧爾良市，20 年來就發生了 400 多起這樣的事故，造成 200 多人死亡和幾千萬美元的損失。所以人們把粉塵看做是倉庫的「敵人」。

為了避免這樣的悲慘事故，除了盡量不使粉塵飛揚外，通常也與加油站一樣，都要在門口掛上「嚴禁煙火」的紅色字牌，以引起人們的高度警惕。

糧食粉塵會發生燃燒現象，像麵粉、硫黃、澱粉、煤粉、糖等物質在倉庫儲藏或在運輸過程中也會發生燃燒現象。不同的是，不同的粉塵在空氣中引起爆炸的最低密度是不同的。

澱粉和硫黃粉塵在每升空氣中的含量超過 7 毫克時，遇火就會爆炸；而麵粉、糖粉的爆炸極限為每升 10 毫克；煤粉爆炸極限為每升 17 毫克。

最奇特的燃燒現象是發生在廣西省興安縣小宅村的「群火」。1981 年以來，每到秋季，莫名其妙的火災頻頻出現。村裡的物品常不明不白的自燃起來，而且起火點總是同時在多處發生，為村民們造成了損失，還引起

了村民們的恐懼。

專家們曾經到那裡實地調查，據瞭解，小宅村村西約 2000 公尺處正在開採硫黃礦。「群火」現象很可能是硫黃粉塵燃燒生成了二氧化硫，二氧化硫繼續與空氣中的氧氣結合生成三氧化硫，三氧化硫與空氣中的水蒸氣結合成硫酸，硫酸作為脫水劑使得物質碳化而發生了燃燒。

不污染空氣的燃料

迄今為止，我們所用的燃料，煤、石油甚至木材、稻草，在燃燒後都會放出二氧化碳，污染大氣。有沒有不污染空氣的燃料呢？

氫就是不污染空氣的燃料。它燃燒後只變成水，而不會放出二氧化碳和別的廢氣。而且氫作為燃料產生的熱量極高，一公斤氫氣所放出的熱量，是一公斤汽油放出熱量的 3 ～ 4 倍，是等量煤的 4 倍，其最高溫度高達 2000 多度。

氫的來源極其廣泛。佔地球面積 71％的海洋中有將近 110 億立方公里的海水，還有南極洲 1700 公尺厚的冰層，這都是取之不盡，用之不竭的「氫庫」。除此以外，在海洋中，還有大約 20 萬億噸的重氫，也就是

氘，這種氣用於核聚變反應，這20萬億噸氘所產生的總熱量，就相當於世界上所有礦物燃料所發出熱量的幾千倍。這是多麼巨大的能源啊！

不過，要想利用氫燃料，首先要解決的是提取氫的方法及安全攜帶和運輸問題。許多國家都用電解水的方法得到氫氣。他們把風、水或太陽能轉化為電能，再用電能來電解水分子，使它分離成氫和氧兩元素，就可以用天然氣的輸送系統，把氫氣輸送到需要的地方。也可以用某些金屬的吸附氫氣的特性來制取和儲存氫氣，例如鐵鈦合金就能吸附氫氣，在適當加熱後它又能放出氫氣。

為了防止氫的爆炸，人們也想出了辦法。因為氫可以和二氧化碳化合，人們將它們的化合物經過一系列的處理，使它成為合成汽油，這種汽油燃燒時沒有任何污染，也不容易爆炸。

如果解決了取得及運輸問題，氫將是一種理想的燃料。這樣一種取之不盡、用之不竭、乾淨理想的燃料，將會給我們人類能源開闢一個美好的新天地。

怎樣針對不同的火災選用和使用滅火器

火災就是在時間上或空間上失去控制的、對生命財產造成損害的燃燒現象。依據燃燒特性劃分，火災有五種類型，各類火災所適用的滅火器如下所述。

A 類火災：指固體物質火災，這種物質往往具有有機物質性質，一般在燃燒時能產生灼熱的餘燼。如木材、棉毛、麻、紙張火災等。這類火災可選用清水滅火器、酸鹼滅火器、化學泡沫滅火器、磷鹽乾粉滅火器、海龍滅火器、。不能使用鈉鹽乾粉滅火器和二氧化碳滅火器。

B 類火災：指液體火災和可熔化的固體物質火災。如汽油、煤油、柴油、原油、甲醇、乙醇、瀝青、石蠟

等火災。這類火災可選用乾粉滅火器、海龍滅火器、二氧化碳滅火器。泡沫滅火器只適用於油類火災，而不適用於極性溶劑火災。

C類火災：指可燃氣體火災。如煤氣、天然氣、甲烷、乙烷、丙烷、氫氣等火災。這類火災可選用乾粉滅火器、海龍滅火器、二氧化碳滅火器。不能使用水型滅火器和泡沫滅火器。

D類火災：指金屬火災。如鉀、鈉、鎂、鋁鎂合金等火災。目前對這類火災還沒有有效的滅火器。

E類火災：指帶電物體燃燒的火災。可選用海龍滅火器、和乾粉滅火器、二氧化碳滅火器。

瞭解了火災的類型，下面我們介紹一下如何針對不同的著火類型正確使用滅火器。

常見的滅火器有泡沫滅火器、乾粉滅火器、海龍滅火器和二氧化碳滅火器。下面分別介紹這幾種滅火器的使用方法。

一、泡沫滅火器

泡沫滅火器噴出的是一種體積較小、比重較輕的泡沫群，它的比重遠遠小於一般的易燃液體，它可以漂浮在液體表面，使燃燒物與空氣隔開，達到窒息滅火的目的。因此，它最適應於撲救固體火災。因為泡沫有一定的黏性，能黏在固體表面，所以對撲救固體火災也有一定的效果。

使用泡沫滅火器時，首先要檢查噴嘴是否被異物堵塞，如有，要用鐵絲捅通，然後用手指摀住噴嘴將筒身上下顛倒幾次，將噴嘴對著火點就會有泡沫噴出。應當注意的是不可將筒底、筒蓋對著人體，以防止萬一發生爆炸時傷人。

二、乾粉滅火器

乾粉滅火器是以二氧化碳為動力，將粉沫噴出撲救火災的。由於筒內的乾粉是一種細而輕的泡沫，所以能覆蓋在燃燒的物體上，隔絕燃燒體與空氣而達到滅火。因為乾粉不導電，又無毒，無腐蝕作用，因而可用於撲救帶電設備的火災，也可用於撲救貴重物品、檔案資料和燃燒體的火災。使用乾粉滅火器時，首先要拆除鉛封，拔掉安全銷，手提滅火器噴射體，用力緊握壓把啟開閥

門，儲存在鋼瓶內的乾粉即從噴嘴猛力噴出。

三、海龍滅火器

海龍滅火器利用裝在筒內的高壓氮氣將海龍滅火劑噴出進行滅火。它屬於儲壓式的一種。海龍滅火劑是一種低沸點的氣體，具有毒性小，滅火效率高，久儲不變質的特點，適應於撲救各種易燃可燃燒體、氣體、固體及帶電設備的火災。使用海龍滅火器時，首先要拆除鉛封，拔掉安全銷，將噴嘴對準著火點，用力緊握壓把啟開閥門，使儲壓在鋼瓶內的滅火劑從噴嘴處猛力噴出。

四、二氧化碳滅火器

二氧化碳滅火器是利用其內部所充裝的高壓液態二氧化碳噴出滅火的。由於二氧化碳滅火劑具有絕緣性好，滅火後不留痕跡的特點，因此，適用於撲救貴重儀器和設備、圖書資料、儀器儀表及600伏以下的帶電設備的初起火災。使用二氧化碳滅火器很簡單，只要一手拿好喇叭筒對準火源，另一手打開開關即可。各種滅火器存放都要取拿方便。冬季要注意防凍保溫，防止噴口的阻塞，才能真正做到有備無患。

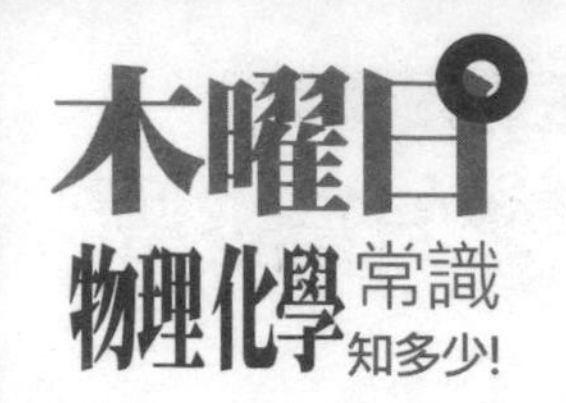

幾種常見的致癌物質

醫學研究發現，有 10 多種化學物質具有致癌作用，其中亞硝胺類、苯並芘和黃麴黴素是公認的三大致癌物質，它們都與飲食有密切關係。

一、亞硝胺類

亞硝胺類幾乎可以引發人體所有臟器腫瘤，其中以消化道癌最為常見。亞硝胺類化合物普遍存在於穀物、牛奶、乾酪、菸酒、燻肉、烤肉、海魚、罐裝食品以及飲水中。不新鮮的食品（尤其是煮過久放的蔬菜）內，亞硝酸鹽的含量較高。

二、苯並芘

苯並芘是一種重要的致癌物質，它在高溫油炸的食物、燒焦的食物中都可以發現，脂肪、膽固醇等在高溫

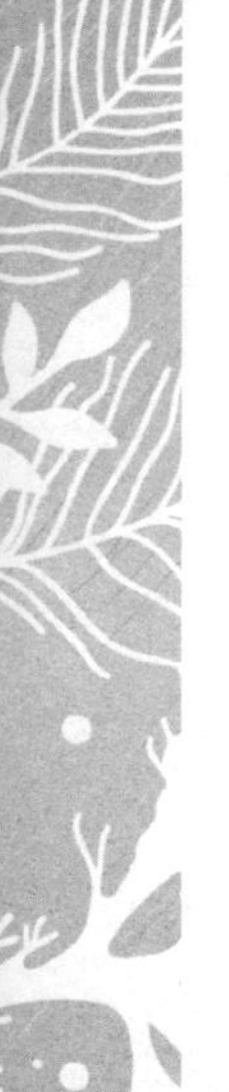

下將會形成苯並芘，如香腸等熏製品中苯並芘含量可比普遍肉高60倍。長期接觸苯並芘，除了會引起肺癌外，還會引起消化道癌、膀胱癌、乳腺癌等。

三、黃麴黴素

黃麴黴素是已知的最強烈的致癌物。醫學家認為，黃麴黴素很可能是造成肝癌發生的重要原因。在一些肝癌發生率高的地區，人們常食發酵食品如豆腐乳、豆瓣醬等，這類食品在製作過程中如方法不當，就容易產生黃麴黴素。

為了防止上述幾種主要致癌物質作怪，減少和削弱致癌物對人類的威脅，人們在食物的生產、加工及烹調等方面，必須採用科學的方法。

 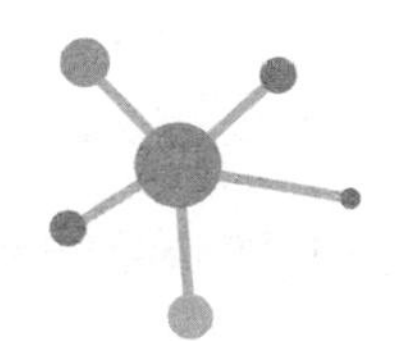 

認識和瞭解化學武器

戰爭中用來毒害人畜、毀滅生態的有毒物質叫軍用毒劑，裝有軍用毒劑的炮彈、炸彈、火箭彈、導彈、地雷、布（噴）灑器等，統稱為化學武器。

一、化學武器的種類及其毒害作用

通常，按化學毒劑的毒害作用把化學武器分為六類：神經性毒劑、糜爛性毒劑、失能性毒劑、刺激性毒劑、全身中毒性毒劑、窒息性毒劑。

神經性毒劑：神經性毒劑為有機磷酸酯類衍生物，分為 G 類和 V 類神經毒。G 類神經毒是指甲氟膦酸烷酯或二烷氨基氰膦酸烷酯類毒劑，主要代表物有塔崩、沙林、梭曼。V 類神經毒是指 S－二烷氨基乙基甲基硫代膦酸烷酯類毒劑，主要代表物有維埃克斯（VX）。

神經性毒劑可通過呼吸道、眼睛、皮膚等進入人體，並迅速與膽鹼疊結合使其喪失活性，引起神經系統功能紊亂，出現瞳孔縮小、噁心嘔吐、呼吸困難、肌肉震顫等症狀，重者可迅速致死。

糜爛性毒劑：糜爛性毒劑的主要代表物是芥子氣、氮芥和路易斯氣。

糜爛性毒劑主要通過呼吸道、皮膚、眼睛等侵入人體，破壞身體組織細胞，造成呼吸道黏膜壞死性炎症、皮膚糜爛、眼睛刺痛畏光甚至失明等。這類毒劑滲透力強，中毒後需長期治療才能痊癒。

失能性毒劑。失能性毒劑是一類暫時使人的思維和運動機能發生障礙，從而喪失戰鬥力的化學毒劑。其中主要代表物是 1962 年美國研製的畢茲（BZ）。

該毒劑為無嗅、白色或淡黃色結晶。不溶於水，微溶於乙醇。戰爭使用狀態為煙狀。其主要通過呼吸道吸入中毒。中毒症狀有瞳孔散大、頭痛幻覺、思維減慢、反應呆癡等。

刺激性毒劑：刺激性毒劑是一類刺激眼睛和上呼吸

道的毒劑。按毒性作用分為催淚性和噴嚏性毒劑兩類。催淚性毒劑主要有氯苯乙酮、西埃斯。噴嚏性毒劑主要有亞當氏氣。

刺激性毒劑作用迅速強烈。中毒後，出現眼痛流淚、咳嗽噴嚏等症狀。但通常無致死的危險。

全身中毒性毒劑：全身中毒性毒劑是一類破壞人體組織細胞氧化功能，引起組織急性缺氧的毒劑，主要代表物有氫氰酸、氯化氫等。

氫氰酸（HCN）是氰化氫的水溶液。有苦杏仁味，可與水及有機物混溶，戰爭使用狀態為蒸汽狀，主要通過呼吸道吸入中毒，其症狀表現為噁心、嘔吐、頭痛、瞳孔放大、呼吸困難等，重者可迅速死亡。二戰期間，德國法西斯曾用氫氰酸一類毒劑殘害了集中營裡 250 萬戰俘和平民。

氯化氫（HCl）的毒性與氫氰酸類似。

窒息性毒劑：窒息性毒劑是指損害呼吸器官，引起急性中毒性肺氣的而造成窒息的一類毒劑。其代表物有光氣、氯氣、雙光氣等。

光氣（$COCl_2$）常溫下為無色氣體，有爛乾草或爛蘋果味。難溶於水、易溶於有機溶劑，中毒症狀分為四期：刺激反應期→潛伏期→再發期→恢復期。在高濃度光氣中，中毒者在幾分鐘內由於反射性呼吸、心跳停止而死亡。

二、新型化學武器——二元化學武器

隨著現代科學技術的發展，化學武器也越來越現代化。其中二元化學武器的研製成功，是近年來軍用毒劑使用原理和技術上的一個重大突破。它的基本原理是：將兩種或兩種以上的無毒或微毒的化學物質，分別填裝在用保護膜隔開的彈體內，發射後，隔膜受撞擊破裂，兩種物質混合發生化學反應，在爆炸前瞬間生成一種劇毒藥劑。

二元化學武器的出現解決了大規模生產、運輸、儲存和銷毀（化學武器）等一系列的技術問題、安全問題和經濟問題。與非二元化學武器相比，它具有成本低、效率高、安全、可大規模生產等特點。因此，二元化學武器大有逐漸取代現有化學武器的趨勢。

三、化學武器的防護

化學武器雖然殺傷力大，破壞力強，但由於使用時受氣候、地形、戰情等的影響，使其具有很大的局限性，而且，與核子武器和生物武器一樣，化學武器也是可以防護的。其防護措施主要有：探測通報、破壞摧毀、防護、消毒、急救。

1. 探測通報：採用各種現代化的探測方法，弄清敵方化學襲擊的情況，瞭解氣象、地形等，並及時通報。

2. 破壞摧毀：採用各種方法，破壞敵方的化學武器和設施等。

3. 防護：根據軍用毒劑的作用特點和中毒途徑，防護的基本原理是設法把人體與毒劑隔絕。同時維持人員能呼吸到乾淨的空氣，如構築化學工事、器材防護（戴防毒面具、穿防毒衣）等。

防毒面具分為過濾式和隔絕式兩種。過濾式防毒面具主要由面罩、導氣管、濾毒罐等組成。濾毒罐內裝有濾煙層和活性炭。濾煙層由紙漿、棉花、毛絨、石棉等纖維物質製成，能阻擋毒煙、霧，放射性灰塵等毒劑。

活性炭經氧化銀、氧化鉻、氧化銅等化學物質浸漬過，不僅具有強吸附毒氣分子的作用，而且有催化作用，使毒氣分子與空氣及化合物中的氧發生化學反應，轉化為無毒物質。隔絕式防毒面具中，有一種化學生氧式防毒面具。它主要由面罩、生氧罐、呼吸氣管等組成。使用時，人員呼出的氣體經呼氣管進入生氧罐，其中的水汽被吸收，二氧化碳則與罐中的過氧化鉀和過氧化鈉反應，釋放出的氧氣沿吸氣管進入面罩。

4. 消毒：主要是對神經性毒劑和糜爛性毒劑染毒的人、水、糧食、環境等進行消毒處理。

5. 急救：針對不同類型毒劑的中毒者及中毒情況，採用相應的急救藥品和器材進行現場救護，並及時送醫院治療。

四、禁止化學武器公約

化學武器的使用給人類及生態環境造成極大的災難。因此，從它首次被使用以來就受到國際輿論的譴責，被視為一種暴行。為了制止這種罪惡行徑，在英、法、德等國 19 世紀中期研製出化學武器後不久，在 1874 年召開的布魯塞爾會議上，就提出了禁止化學武器的倡議。

1899 年，在海牙召開的和平會議上通過的《海牙海陸戰法規慣例公約》中又明確規定：禁止使用毒物和有毒武器。1925 年，在日內瓦又簽訂了《關於禁用毒氣或類似毒品及細菌方法作戰協定書》。它是有關禁止使用化學武器的最重要、最權威的國際公約。

在各國對於該協定書互相遵守的原則下，予以嚴格執行。但在 1980 到 1988 年的兩伊戰爭期間，伊拉克至少對伊朗發動 200 次化學武器攻擊，造成了上萬人傷亡，1989 年 1 月 7 日，在巴黎召開了舉世矚目的禁止化學武器國際會議。

會議通過的《最後宣言》，確認了《日內瓦協定書》的有效性，並呼籲早日簽訂一項關於禁止發展、生產、儲存及使用一切化學武器並銷毀此類武器的國際公約。

CHAPTER 3

實用生活篇

磁碟分區格式的種類及特點

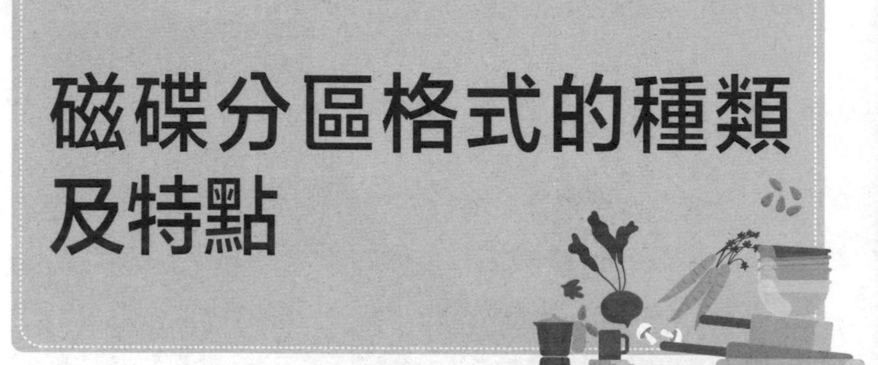

在使用電腦，安裝作業系統和各種實用程序之前，首先要對電腦的硬碟進行分區和格式化。目前，常見的磁碟分區格式的種類及特點如下。

一、FAT12

這是一種非常「古老」的磁碟分區方式（與 DOS 同時問世），它採用 12 位的文件分區表，能夠管理的磁碟容量極為有限，目前除了軟碟驅動器還在採用 FAT12 之外，它基本上已經沒有什麼用武之地了。

二、FAT16

MS-DOS 及老版本的 Windows 95 大多是 FAT16

格式，它採用16位的磁碟分區表，所能管理的磁碟容量較FAT12有了較大提高，最大能支持2GB的磁碟分區，磁碟的讀取速度也較快。FAT16有一個非常獨特的優點，那就是它的兼容性非常好，幾乎所有的作業系統（如DOS、Windows 98、Windows XP、Windows NT、Linux等）都支持該分區模式，不少同時使用多種作業系統的用戶，都是利用它在不同作業系統中進行數據交流和交換的。

FAT16的缺點也非常明顯，那就是磁碟利用效率較低——在DOS及Windows系統中，磁碟文件的分配是以簇為單位的，一個簇只能分配給一個文件使用（即使該簇的容量有32KB，而某個文件僅僅佔用了其中的一個字節也不例外），這就不可避免的導致磁碟空間的浪費（該簇中沒有被使用的容量就被浪費了）。而從理論上來說，平均每個文件所浪費的磁碟空間為簇容量的一半，即一個簇的容量若為4KB，那麼每個文件所浪費的空間就是2KB，若一個簇的容量為32KB，那麼每個文件所浪費的空間就是16KB。

由於分區表容量的限制，FAT16的分區容量越大，則磁碟上每個簇的容量就越大，浪費的磁碟空間也就跟著呈幾何級的增長。如在一個容量為2GB的磁碟分區採用FAT16格式，那麼它的一個簇是32KB，每個文件就要浪費16KB，若該磁碟分區上有20480個文件，則浪費的空間為20480×16/1024＝320MB。

三、FAT32

正是為了解決前述問題，微軟公司幾年前推出了一種新的文件分區模式FAT32。FAT32採用了32位的文件分區表，管理硬碟的能力得以極大地提高，輕易的突破了FAT16對磁碟分區容量的限制，達到了創紀錄的2000GB，從而使得我們無論使用多大的硬碟，都可以將它們定義為一個分區，極大的方便了廣大用戶對磁碟的綜合管理。

更重要的是，在一個分區不超過8GB的前提下FAT32分區每個簇的容量都固定為4KB，這就比FAT16要小了許多，從而使得磁碟的利用率得以極大的提高。如同樣是前面那個2GB的磁碟分區，

採用 FAT32 之後，其每個簇的大小變為了 4KB，這就使得每個文件平均所浪費的磁碟空間降為 2KB，假設硬碟上保存著 20480 個文件，則浪費的磁碟空間為 20480x2/1024 ＝ 40MB。一個要浪費 320MB，另外一個僅浪費 40MB，FAT32 的效率之高由此可見一斑。

當然，FAT32 也決非十全十美，它也有一些固有的缺點：首先，FAT32 的兼容性不太好，目前只有 Windows 98 以及 Windows 2000 支持 FAT32，其他作業系統（如 DOS、Linux 等）都不支持 FAT32，這就影響了用戶數據的交流；其次，由於文件分區表的擴大，使得 FAT32 的磁碟運行速度相對來說較 FAT16 要慢一些（在 Windows 圖形界面下反映得並不明顯，但在安全模式及 MS-DOS 狀態下將會顯出較大的差距）；第三，FAT32 在某些磁碟操作方式上對系統進行了修改，從而使得我們的某些常規磁碟操作不能繼續進行（如 FAT32 不支持磁碟壓縮技術，我們不能對採用 FAT32 的分區進行壓縮、不能在 FAT32 中使用那些老式的磁碟處理程序等）。有特殊要求的用戶（如在使用

Windows 98 的同時還需要使用 DOS 的用戶）絕對不能輕易的將所有的磁碟分區全部轉換為 FAT32 格式。

四、NTFS

Windows NT 所採用的一種磁碟分區方式，它雖然也存在著兼容性不好的問題（目前僅有 Windows NT、Windows 2000、Windows XP 和 Window vista 才支持 NTFS，其他作業系統都不支持），但它的安全性及穩定性卻獨樹一幟—— NTFS 分區對用戶權限作出了非常嚴格的限制，每個用戶都只能按照系統賦予的權限進行操作，任何試圖超越權限的操作都將被系統禁止，同時它還提供了容錯結構日誌，可以將用戶的操作全部記錄下來，從而保護了系統的安全。

另外，NTFS 還具有文件級修復及熱修復功能、分區格式穩定、不易產生文件碎片等優點，這些都是其他分區格式所不能企及的。這些優點進一步增強了系統的安全性。

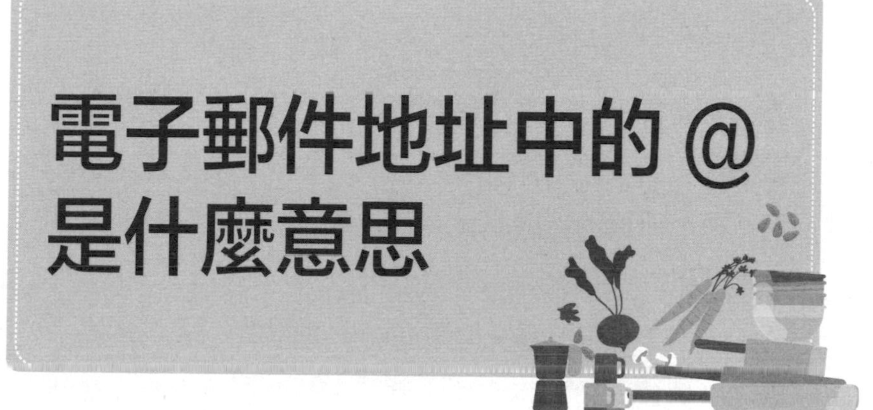

電子郵件地址中的 @ 是什麼意思

凡是上過網、發送過電子郵件的人，都會在 E－mail 地址中看到這樣一個特殊的符號「@」，不過，許多人都不知道它的來歷。早先，符號在英文中曾含有兩種意思，即「在」或「單價」。它的前一種意思的發音類似於英文 at，於是就往往被作為「在」的代名詞來使用。

賦予符號「@」新意的是美國一位電腦工程師雷・湯林森，他確定了 @ 在 E-mail 中的地位。為了能讓用戶方便地在網絡上收發電子郵件，1971 年就職於美國國防部發展軍用網絡 ARPANET 的 BBN 電腦公司的湯林森，奉命尋找一種電子信箱地址的表現格式。他選中了這個在人名中絕不會出現的符號，並取其前一種含義，可以簡潔明瞭的傳送某人在某地的訊息，於是就理所當然地被用於電腦網路。

湯林森設計的電子信箱的表現格式為：人名代碼＋電腦主機或公司名字代碼＋電腦主機所屬機構的性質代碼＋兩個字母標示的國家代碼。這就是現在我們所用的E-mail 地址的格式，其中用 @ 符號把用戶名和電腦地址分開，使電子郵件能透過網路準確無誤的傳遞。

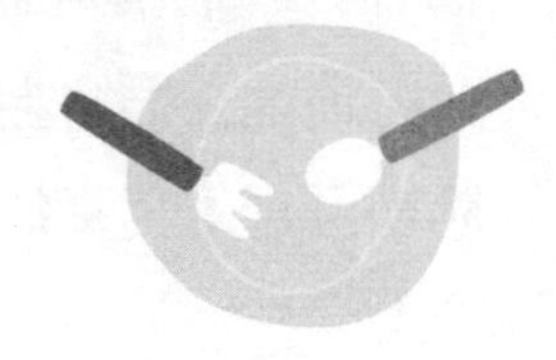

電磁爐的性能和特點

電磁爐是採用電磁感應來加熱煮熟食物的，也就是利用磁力線與鍋底構成磁力線回路，使鍋底受熱來煮熟鍋內的食物。電磁爐上面蓋著一塊光潔的強化而耐熱的陶瓷面板，是放鍋的位置。

打開電磁爐電源開關後，如用手去摸陶瓷面板，它總是冷的，冰棒放在上面也不會被融化，汽油灑在上面也不會燃燒。所以，使用這種爐子相當安全。

當平底鐵鍋放在面板上時，加熱速度極快，其熱效率高達 70 ～ 80%，是火汽爐的 2 倍，並可透過調整線圈電流的大小來調節溫度，控制「火候」。

電磁爐操作簡單，使用方便，節省電力，又很經濟，不存在污染。

用保溫杯泡茶好不好

茶葉中含有鞣酸、茶鹼、芳香油及多種維生素。用開水泡茶時，這些成分便溶解在茶水中，芳香油產生撲鼻的香味，鞣酸和茶鹼使茶略帶澀味。

用保溫杯泡茶，茶水溫度一直很高，與把茶葉放在沸水中熬煮的效果相當。這樣，一部分芳香油揮發跑掉使香味減少；同時浸出的鞣酸和茶鹼過多，茶葉汁太濃，味澀苦，還有悶漚的敗味。

另外，茶葉中含的維生素 C 在 70℃以上就容易被破壞，因而用保溫杯泡的茶其中維生素損失也較多。冬天要防止茶水變冷，可以先在茶杯裡把茶沖好，再將茶水倒入保溫杯中慢慢飲用，這樣比較好些。

黃金「K」字的意思

在報紙上和日常生活中，有時遇見表示黃金的12K，18K 等字樣，「K」是黃金製品的純度單位。純金是 24K。每 K 含金量為二十四分之一，如 14K 則表示其中黃金占 14 分，其他金屬占 10 分。其餘以次類推。

以 K 作為純度單位的黃金製品稱為 K 金。K 金原是國際上的一種金飾品，傳入中國後，各地金店多有仿造，俗稱 K 金。

K 金的成分除黃金外，主要是紫銅，具有色澤鮮艷、體質堅固、耐磨等特點。K 金製品都打有「K」數戳記，常見的有鑲嵌戒指、錶殼、項鏈、筆尖等。

為什麼筆桿上往往有一個小孔

圓珠筆和墨水筆桿上，都有一小孔，這小孔有什麼功用呢？

筆桿內都有空氣，這些空氣對桿內的油墨（或墨水）具有壓力。如果筆嘴外的大氣壓和桿內氣壓相等，油墨就不會被壓出來。

如果筆桿沒有小孔，筆桿內外的氣壓就有可能不相等，例如：

一、人體的熱會使筆桿內的空氣溫度升高，空氣受熱膨脹壓力增大，就會把油墨壓出來。

二、搭乘飛機到高空時，機艙內的氣壓調校得比地

面的氣壓低（約為地面大氣壓的 60%）。這時，筆桿內的氣壓比機艙大，就會把油墨壓出來。

因此，筆桿的小孔是為使桿內外的氣壓平衡，防止油墨從筆嘴漏出來的。

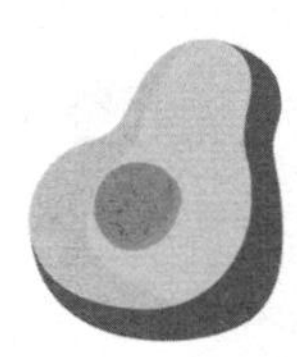

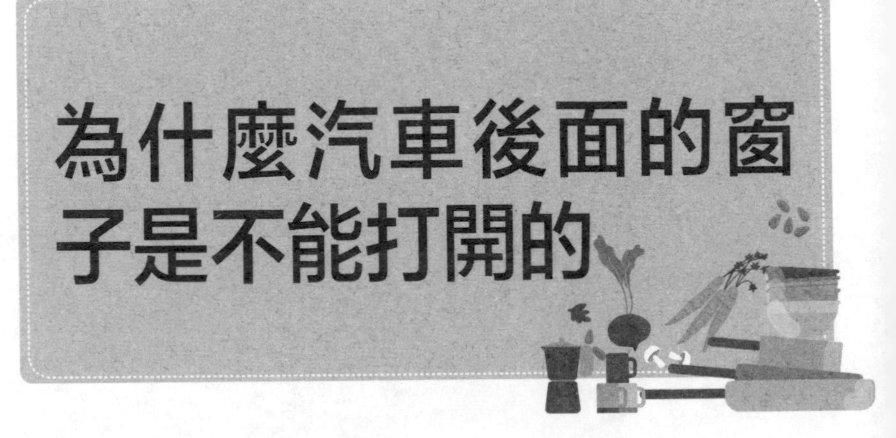

為什麼汽車後面的窗子是不能打開的

我們常見公共汽車兩側的玻璃都能打開通風，而後面的窗戶是封死的，不能打開，為什麼？

因為汽車在行駛時，速度很快，同時排開同體積的空氣，向前行駛。而車身剛過的地方就要有新的空氣來補充，因此全部空氣向後面湧來，夾雜著塵土，形成一股灰柱，跟在汽車後面。

一旦後面的窗戶打開，灰柱將全部灌進車裡。這就是我們常看到的、汽車後面塵土飛揚的樣子。因此，汽車後面的窗子是不能打開的。

高速公路為什麼不是筆直的

有人說：「汽車在筆直的高速公路上飛馳。」這話是錯的。為什麼呢？因為任何一條高速公路都不是筆直的。

高速公路上沒有其他景物，也沒有紅綠燈。司機如果在筆直的高速公路上行駛，可以看得很遠很遠，也可以在不改變車速的情況下連續高速行駛。

但眼睛、思維和身體始終保持一種不變的狀態，司機很快就會感到疲勞，注意力也很難集中，甚至看不清遠處的物體。不用說，這很容易發生交通事故。

為了解決這個問題，高速公路要按規定修建出彎道，而且彎度較大。司機每逢拐彎處都會集中精力，振作精神。這樣就減少了司機的疲勞感，避免了事故的發生。

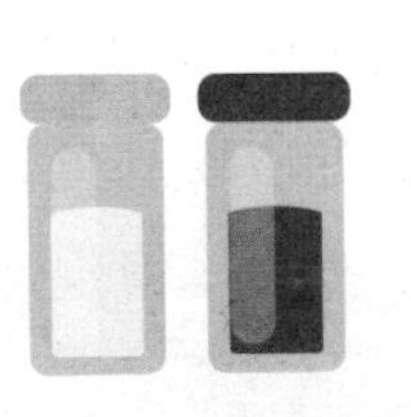

億以上的計數法

中國是世界上對於萬、億以上的大數研究得最早並提出了系統的表述方法的國家之一。英國李約瑟博士在《中國科學技術史》第三卷中對此有過評述。

中國不同的時期、不同的專門著作中的記數方法不盡統一。最早在周代的《詩經》中就出現過若干大數名稱，東漢時的《數述記遺》一書提出過系統的大數表達法，經後人整理，歸為3種：

一是上法，萬萬為億，億億為兆，兆兆為京。這種自乘的系統，希臘的阿基米德也採用過；

二是中法，萬、億、兆、京、垓、秭、壤、溝、澗、正、載，皆以萬遞進；

三是下法，萬、億、兆、京、垓、秭，皆以十遞進。

到了近代，直至新中國成立前，中國還流行十進位的系統，即:個、十、百、千、萬、億、兆、京、垓、秭、壤、溝、澗、正、載、極，皆以十進，這在新中國成立前版《辭源續編》「命數表」條上有所記載。

但此數制是有缺陷的，也不與實際應用習慣相符，例如，其中的「億」，人們常用的並不是十萬而是萬萬的含義。

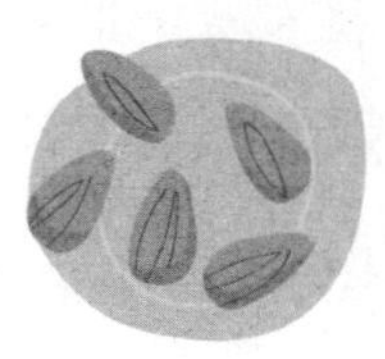

新鮮空氣鮮在哪裡

據科學家研究發現，產生新鮮空氣的奧妙就在於空氣在電離作用下，產生了大量的負離子（陰離子），即當空氣中的氧、氮等原子受到宇宙線、紫外線、雷電、暴雨和激浪、人工噴泉等因素的影響及發生多種化學反應時，就能引起電離狀態，產生負離子，造成空氣離子化而使空氣格外清新。

經科學研究，負離子對神經和血液循環等都有調節作用，因而有鎮靜、鎮痛、鎮咳、止痰、制汗、利尿和降血壓的功能。它是由呼吸道通過肺細胞上皮層進入血液，作用於血球和膠原蛋白，並通過血腦屏障進入脊髓液，直接作用於神經系統，使大腦皮層抑制過程加強，調節其功能。作用於血液時，可促進紅血球和血鈣增加，使白血球、血鉀和血糖下降，並能降低運動後肌肉中的乳酸，減少疲勞。

它還能加強肝、腎、腦髓及腎上腺等組織的氧化過程，其中以對腦組織的作用最為明顯。負離子作用於網狀內皮系統，能促進體內合成和儲存維生素，並能促進蛋白質的代謝。目前，應用負離子來治療很多疾病，如哮喘、支氣管炎、萎縮性鼻炎、高血壓、萎縮性胃炎、神經官能症、神經性皮炎和某些關節痛等，其方法主要是採用離子發生器。據測定，正常空氣中，1 立方公分內所含離子為 600 ～ 800 對，而用離子發生器可使濃度增到 10 萬～ 100 萬對。

大氣中的負離子，一般在晴天時比陰天多，早晨比下午多，夏天比冬天多，高地比平原多，郊區比市區多，室外比室內多。這種活潑的負離子，在人體含有豐富的維生素 A、C、D 的情況下，它的有利作用發揮得就更充分。否則，它會使人體的皮膚色素沉著，形成斑塊。因此，我們在日常生活中，要多吃些蔬菜、水果類及含有維生素 A、C、D 的食品，以保持皮膚的淨潔、美觀。

瓜果的簡易消毒法

在日常生活中，對瓜果進行消毒時，為了取得較好的效果，可參考如下方法。

一、開水燙泡

把準備生吃的水果（小黃瓜、蘋果、梨、李等）洗淨後，在沸水中燙泡半分鐘左右，可殺死大腸桿菌、痢疾桿菌、傷寒桿菌和蟲卵。此法宜在要食用前進行。

二、鹽水消毒

葡萄、草莓、櫻桃、番茄等水果，用清水洗淨後，置鹽水中浸 10 分鐘左右，取出再用涼開水沖洗。

三、高錳酸鉀液浸洗

以 1% ～ 2% 的高錳酸鉀液（顯淡紅色）浸泡 5 ～ 10 分鐘，可殺死瓜果上的傷寒桿菌、痢疾桿菌及金黃色葡萄球菌等，取出後再用涼開水沖洗乾淨。

四、漂白水消毒

以 2% 的漂白水浸泡 5 分鐘，用以殺死水果上的一般腸道桿菌，然後用涼開水沖去氯味。

五、乳酸消毒

將 80% 的乳酸液用涼開水泡成 30% 的乳酸溶液，將瓜果放入浸泡 5 ～ 6 分鐘，取出後用涼開水沖洗。但注意乳酸溶液不可用金屬器具盛裝，以免腐蝕。

怎樣對症下藥去除污漬

在我們的衣服上，難免沾上墨汁、果汁、機油、原子筆水……如果不管是什麼污漬，統統放進洗衣機裡去洗，有時非但洗不乾淨，反而會使污漬擴大。

污漬的化學成分不同，脾氣也就千差萬別。汗水濕透的背心，不能用熱水洗。沾上了碘酒的衣服，卻要先在熱水裡浸泡後再洗。沾上機油的紡織品，在用汽油擦拭的同時，還要用熨斗熨燙，趁熱把油污趕出去。

原來，汗水裡含有少量蛋白質。雞蛋清就是一種蛋白質。雞蛋清在熱水裡很容易凝固。汗水裡的蛋白質也和雞蛋清一樣，在沸水裡很快凝固，和纖維糾纏在一起。

本來可以用冷水漂洗乾淨的汗衫，如果用熱水洗，反而會泛起黃色，洗不乾淨。洗衣服先在冷水裡浸泡，好處就在這裡。

碘酒、機油和蛋白質不同，沒有遇熱凝固的問題，倒是熱可以幫助它們脫離纖維。如果是純藍墨水、紅墨水以及水彩顏料染污了衣服，立刻先用洗滌劑洗，然後多用清水漂洗幾次，往往可以洗乾淨。

這是因為它們都是用在水裡溶解的染料做成的。如果還留下一點殘跡的話，那是染料和纖維結合在一起了，得用漂白水才能除去。

漂白水的主要成分是次氯酸鈣，它在水裡分解出次氯酸，這是一種很強的氧化劑。它能氧化染料分子，使染料變成沒有顏色的化合物，這就是漂白作用。

藍黑墨水、血跡、果汁、鐵銹等的污漬卻不同。它們在空氣中逐漸氧化，顏色越來越深，再用漂白粉來氧化就不行了。

比如，藍黑墨水是鞣酸亞鐵和藍色染料的水溶液，鞣酸亞鐵是沒有顏色的，因此剛用藍黑墨水寫的字是藍

色的，在紙上接觸空氣後逐漸氧化，變成了在水裡不溶解的鞣酸鐵。鞣酸鐵是黑色的，所以字跡就逐漸的由藍變黑，遇水不化，永不褪色。要去掉這墨水跡，就得將它轉變成無色的化合物。將草酸的無色結晶溶解在溫水裡，用來搓洗墨水跡，黑色的鞣酸鐵就和草酸結合成沒有顏色的物質，溶解進水裡。要注意，草酸對衣服有腐蝕性，應盡快漂洗乾淨。

血液裡有蛋白質和血色素。和洗汗衫一樣，洗血跡要先用冷水浸泡，再用加疊洗衣粉洗滌。不過，陳舊的血跡變成黑褐色，那是由於血色素裡的鐵質在空氣裡被氧化，生成了鐵銹。

果汁裡也含有鐵質，沾染在衣服上和空氣裡的氧氣一接觸，也會生成褐色的鐵銹斑。因此血跡、果汁和鐵銹造成的污漬都可以用草酸洗去，草酸將鐵銹變成沒有顏色的物質，溶解到水裡去。

墨汁是極細的碳粒分散在水裡，再加上動物膠製成的。衣服上沾了墨跡，碳的微粒附著在纖維的縫隙裡，它不溶在水裡，也不溶在汽油等有機溶劑裡，又很穩定，一般的氧化劑和還原劑都對它無可奈何，不起任何化學變化。

中國的書畫墨跡保存千百年，漆黑鮮艷，永不褪色，就是這個道理。要除去墨跡，只有採用機械的辦法，用米飯粒揉搓，把墨跡從纖維上黏下來。如果墨跡太濃，污染的時間太長，碳粒鑽到纖維深處，那就很難除淨了。如果污漬是油性的，不沾水，比如原子筆水、油漆、瀝青，我們就要「以油攻油」。

用軟布或者棉紗蘸汽油擦拭，讓油性的顏色物質溶解在汽油裡，再轉移到擦布上去。有時汽油溶解不了，換用溶解油脂能力更強的苯、氯仿或四氯化碳等化學藥品就行。

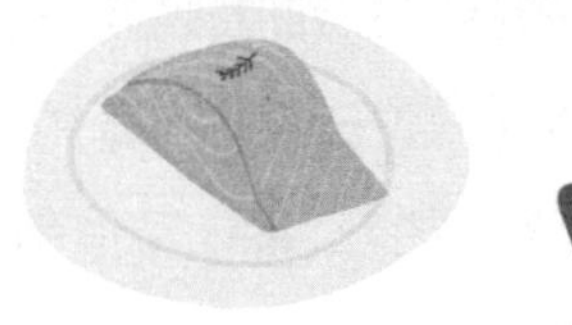
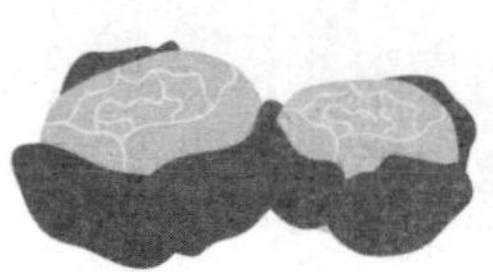

人為什麼離不開食鹽

人們經常說飲食「淡而無味」，這種「無味」主要是指缺少酸、甜、苦、辣、鹹「五味」中的鹹味。

鹽，號稱「百味之王」，是人們日常生活中不可缺少的五味之一。在飲食裡調配適量的鹽，可以興奮味覺和增加唾液的分泌，從而增進食慾，維持人體內正常的生理功能。如果做菜忘了放鹽，那麼，即使是雞、鴨、魚、肉，吃起來也會是「淡而無味」的。

食鹽除了調味作用以外，還是人體不可缺少的營養物質。它的主要成分是氯化鈉，它是維持人體正常滲透壓的主要因素。它能使人體的滲透壓、酸鹼度、水鹽代謝、血液循環得以平衡，使神經、肌肉正常工作，有著非常重要的生理作用。

鹽也是身體製造胃酸的重要原料之一，它可以促進消化液的分泌，抑制細菌的繁殖，幫助消化。鹽具有催吐、清火、涼血、解毒等功效。如清早喝一杯鹽開水，可以治大便不通。假使一個人身體裡長期缺鹽，就會四肢軟弱無力，引起消化不良。嚴重缺鹽還可影響心臟正常跳動，造成肌肉痙攣，四肢抽搐，甚至危及生命。

夏天若是流汗過多，不及時補充鹽分，就可能中暑。同時，食鹽中還含有少量的氟與碘，如人體缺少鹽，就會得齲齒或甲狀腺腫大等疾病。

但是，鹽也不可吃得太多。如果長期過量吃鹽，就會使血管變脆，小動脈收縮，損害心肌，並容易引起高血壓、動脈硬化、心肌梗死、中風以及腎臟病。

據統計，美國白人每天吃 10 克食鹽，高血壓發病率約為 10%，黑人每天吃鹽的數量為白人的兩倍，高血壓發病率也增加兩倍。據調查，每天只吃 4 克鹽的愛斯基摩人，很少發現高血壓患者；而日本北部居民，每天吃鹽 26 克，高血壓發病率為 40%，成了世界上高血壓發病率和腦溢血死亡率較高的地區。1979 年，中國內地山地區調查了 2000 人，沒有發現一例高血壓病人，這是由於該地區人們食鹽量很低的緣故。因為食鹽中的鈉能「水化」生物組織，使人體內保留更多的液體，於是血液就會膨脹，使血管受到高壓。此外，日常喜吃鹹食或吃鹽過多的人，患食道癌的可能性比平常人要高 12 倍以上。

那麼，一個人每天吃多少鹽為宜呢？一般來說，成年人每天進食 5 ～ 10 克的鹽就可滿足身體需要了；老年人宜淡些；患有高血壓的人，每天吃鹽應限制在 2 克左右；至於夏天，出汗過多或在高溫下工作，對食鹽的攝入量可適當增加一些。

總之，食物既不能「淡而無味」，又不能過鹹，以使人體內保持一定的鹽分為宜。

鐵對青少年的健康有什麼影響

有人計算：假使把人體內所有的鐵全部提煉出來，大概也只能做一枚2寸長的小鐵釘。

儘管鐵在人體和營養物質中所佔的比例極低，但是，人體裡如果缺鐵，不僅皮膚、眼瞼、指甲蒼白，而且還會引起皮膚乾燥、毛髮脫落、頭暈、頭疼、疲乏無力、心慌氣短等現象。這是因為鐵是建造血紅球不可缺少的原料。

人只要活著，就必須不停的呼出二氧化碳和吸進氧氣，人體裡的氧氣和二氧化碳的交換，是靠血液中的血紅球來完成的。血液中，每個血紅球單位，都含有一個

作為活性中心的鐵原子，有了它才能把氧運輸到人體的各部分，血紅球與氧結合，使血液帶上鮮紅色。倘若血液中鐵量不足，氧就不能與血紅球結合，血液就會失去鮮紅的顏色，人的皮膚就變得蒼白，同時，出現頭暈、心跳、氣喘、耳鳴、四肢無力等症狀，這便是貧血。嚴重的貧血，可使人喪失勞動力，甚至危及生命。即使是輕微的缺鐵，也會使人產生有害健康的不良後果。

鐵對青少年來說，比成年人的需要更為重要，尤其是女性，由於月經失血更需補充鐵質。青少年體內缺鐵，會引起肝脾腫大，精神渙散，記憶減退，影響正常學習與工作。所以，國際膳食標準規定：青少年每人每日鐵的攝入量不少於 15 毫克。

鐵對人體既然如此重要，那麼，怎樣才能使自己體內不至於缺鐵呢？唯一的好辦法就是注意日常飲食中的鐵攝入量，多吃富有鐵質的食物。

首先不要偏食，要多樣化，這樣就可使人體內各種營養素得到平衡。發現有貧血症狀，應趕快請醫師診治，在藥物治療的基礎上，要選擇一些含鐵量高的食品吃，諸如黑木耳、海帶、紫菜、香菇等。

動物性的食物可多吃蛋黃、瘦肉、動物的血與肝臟等，食物中芝麻醬的含鐵量最高，它比含鐵量較高的豬肝還要高出1倍。每100克芝麻醬含鐵量高達58毫克。

值得重視的是，有的青少年不愛吃蔬菜，其實，大部分蔬菜都含有各種對人體有益的不同的維生素與礦物質，其中就有人體所需要的鐵質。

用食物治療貧血是一個理想的方法，可以免除服用鐵劑而產生的胃腸道副作用。但是只根據食物中鐵含量的多寡，而不考慮人體對這些鐵的具體吸收情況，效果是不顯著的。例如，菠菜中的鐵含量雖高，卻不易被吸收，所以多吃菠菜並不能治療貧血。

雞蛋中的鐵也較難吸收。此外，如米、麥、豆中的鐵吸收率也很低。只有魚、瘦肉、動物肝臟中的鐵才易為人體吸收與利用，適宜於貧血病人的食物治療。

鐵的吸收、利用，還與食物中蛋白質多少有關，高蛋白質飲食可以促進鐵的吸收。

鐵的吸收與胃腸道酸鹼度也有關，在酸性環境下鐵

的吸收、利用較多。

此外，動植物食品混合食用可以提高鐵的吸收率，如米中的鐵吸收率僅為 1%，如與肉、肝、綠葉蔬菜同食，吸收率可提高到 10% 以上；蛋的鐵吸收率也較低，如同時進食綠葉蔬菜、橘子汁等，鐵吸收率也可大大提高。

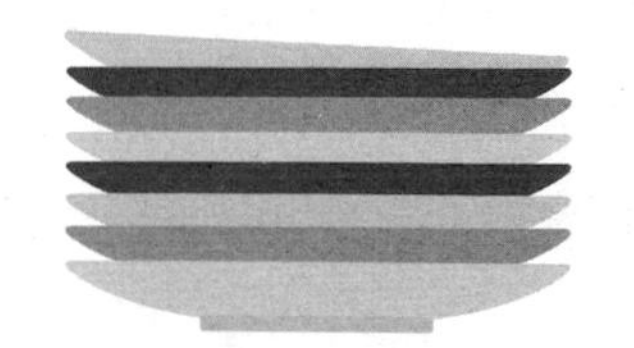

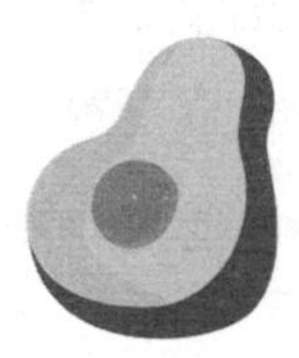

怎樣才能更好的保持蔬菜的營養

蔬菜本是含有豐富營養的東西，有人體所需的各種維生素，但食用方法或烹煮方式不當的話，不但吸收不了營養，可能有的還會有害健康。我們一定要注意：

一、炒菜宜大火快炒

做菜時大火快炒是最好的烹煮方式，維生素C在60°C～80°C時最易氧化流失，大火快炒可使維生素損失降到最低程度，烹煮蔬菜時加熱時間不宜太久，水不宜加太多，煮時鍋蓋不緊蓋可使葉菜類保持青綠的顏色，蔬菜烹煮後應儘快食用，否則色、香、味會以所改變，維生素也會隨放置的時間延長而流失。

二、胡蘿蔔不宜生吃

胡蘿蔔的營養價值很高，含胡蘿蔔素多。胡蘿蔔素是脂溶性物質，只有溶解在油脂中，才能被人體吸收。因此，做胡蘿蔔菜時一定要多放些油，特別是同肉類一起煮較好。胡蘿蔔燒肉不但味美，而且胡蘿蔔素溶在油脂中易被人體吸收。如果炒胡蘿蔔用油少，營養被人體吸收也很少。生吃胡蘿蔔，胡蘿蔔素約有90%被排泄掉。

三、番茄煮過後才吃更營養

番茄是個弱鹼性食品，長時間使用有助於清除人體循環系統中的毒素，但如何來吃才能吸收最多的營養呢？由於茄紅素蘊藏在細胞中，烹煮的過程中可以破壞其細胞壁，讓茄紅素釋放出來，所以食用番茄糊或番茄醬的效果最好，生吃番茄反而不如煮熟吃來的好。

四、吃芹菜忌扔掉芹菜葉

芹菜葉比芹菜莖的營養價值更高，可遺憾的是人們吃芹菜時，習慣於只吃芹菜莖，不吃芹菜葉。這是一種很大的浪費。據科學分析，每100克芹菜葉中含蛋白質5.5克、脂肪0.4克、碳水化合物2.5克、磷3.1毫克、鐵 35 毫克、鈣 245 毫克、胡蘿蔔素 5.32 毫克、核黃素 0.3 毫克、抗壞血酸 91 毫克等。而每 100 克芹菜莖含蛋白質 2.2 克、脂肪 0.1 克、碳水化合物 1.4 克、鈣 93 毫克、鐵 23 毫克、磷 1.2 毫克、胡蘿蔔素 0.37 毫克、核黃素 0.1 毫克、抗壞血酸 11 毫克等。從營養分析來看，芹菜葉的營養價值要比芹菜莖高得多，應該改變這種不科學的吃芹菜習慣。

五、蔬菜不宜久洗久泡

日本專家曾做過試驗，將圓白菜切成 2 ～ 3 毫米寬的細絲，然後放入自來水中浸泡，結果顯示：蔬菜中維生素 C 的損失率與浸泡的時間長短成正比，這是由於維生素 C 被自來水中的氯酸分解變成二氧化碳和水的緣故。專家們還對水溶性的維生素進行了試驗，發現營養成分的損失與浸泡時食品的形狀不同有關。凡保持自然狀態的蔬菜，營養不易被破壞；而經過刀切的且切口越多的，其營養損失越厲害。專家指出：要防止蔬菜的營養損失；沖洗蔬菜時要保持其自然狀態，先洗後切；沖洗時間要縮短，一般不宜超過 5 分鐘。

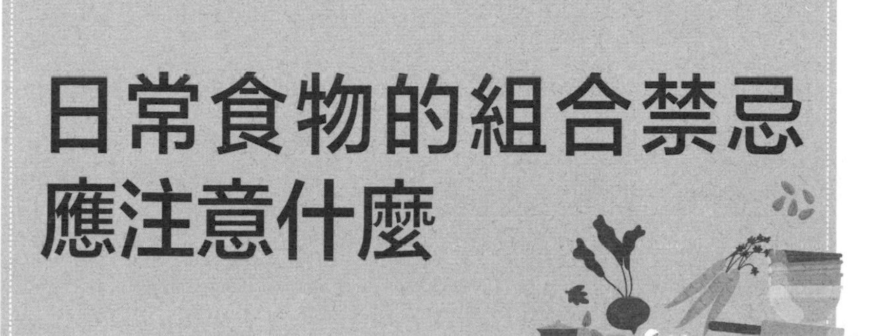

日常食物的組合禁忌應注意什麼

許多食物由於相互間組合不當或寒熱性相差太大等原因，若同時食用，易出現營養價值降低，以致引起疾病現象，這便是所謂食物中的「相剋」。

一、穀類、肉類、雞、鴨及各種蔬菜中都含有鐵質，吃這些食物時，不宜同時飲用含有單寧酸的咖啡、茶葉或紅酒等，否則會降低人體對鐵質的吸收能力。

二、牛奶、酸乳、乳酪等含有豐富鈣質的食物，不宜與黃豆、菠菜等一起進食，因菠菜等含有豐富纖維質，會阻礙人體對鈣的吸收。

三、銅是身體製造紅血球的重要物質，平時可從魚類、硬殼果、動物肝臟及雞蛋等食物中吸取，但如果把它們和含鋅量很高的食物，如瘦肉等混合食用，會減少人體對銅元素的吸收。

此外，橘柑、柳丁、番茄、花生等食物，維生素C豐富，也會抑制人體對銅元素的吸收。

海鮮食品風味獨特，含有豐富的蛋白質和鈣，是老幼皆宜的佳品，但與某些食物同時食用卻有害健康。原來，某些食物中的草酸及鞣酸會分解、破壞蛋白質，並使蛋白質發生沉澱，凝固成不易消化的物質，同時鞣酸還具有較強的收斂作用，會抑制消化液的分泌，致使凝固的蛋白質長時間滯留在腸道內腐敗發酵，導致噁心、嘔吐、腹痛、腹瀉等症狀。

鈣與食物中的草酸容易結合形成一種不溶性的複合物，這種複合物不僅會刺激胃腸黏膜，損害黏膜上皮細胞，影響消化吸收功能，還可能沉積在泌尿道，形成草酸鈣結石。草酸含量較高的蔬菜有菠菜、番茄、洋蔥、竹筍等，而茶葉、咖啡、山楂、柿子、葡萄含有豐富的鞣酸，這些食物均不宜與海產同食。

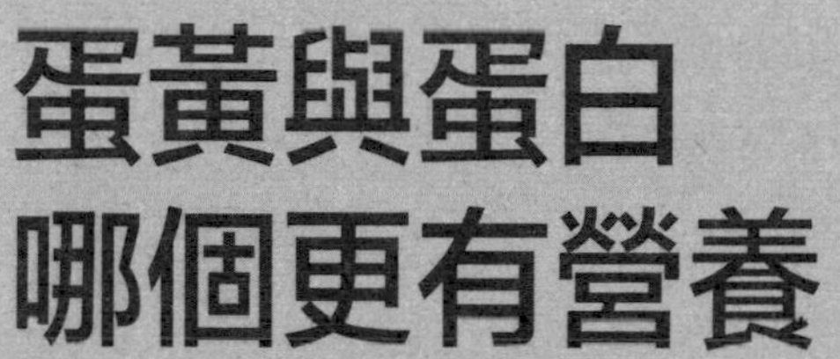

蛋黃與蛋白
哪個更有營養

雞蛋的蛋黃與蛋白哪個營養成分好？什麼人適合吃蛋黃與蛋白呢？

一般說來，雞蛋是由 32% 的蛋黃、57% 的蛋白和 11% 的蛋殼組成的。

根據營養分析，每 100 克蛋黃含有蛋白質 7 克，脂肪 15 克，鈣 67 毫克，磷 266 毫克，鐵 3.5 毫克；而每 100 克蛋白裡僅含蛋白質 5 克，鈣 9 毫克，磷 8 毫克，鐵 0.1 毫克，不含脂肪。

蛋黃裡還含有大量的膽鹼、卵磷脂、膽固醇和豐富的維生素以及多種微量元素；而蛋白基本不含上述成分。

可見，蛋黃的營養價值遠高於蛋白。

蛋黃中的營養成分容易吸收。經常吃些蛋黃對強壯身體、助長發育、增強大腦的記憶功能等都很有益。蛋黃含較高的膽固醇，它是組成血液的脂類物質之一，又是人體細胞重要的組成成分，對於嬰兒、青少年以及健康的人來說，是必需的。

老年人，尤其是血膽固醇高、代謝異常的人和肝炎病人最好不吃蛋黃，可多吃蛋白，因為蛋白不含脂肪和膽固醇，而含豐富的蛋白質和較多的蛋氨酸。腎炎病人不宜吃雞蛋。皮膚生瘡化膿的人，也不宜多吃雞蛋。

木曜日：物理化學常識知多少！

編著　李泰佑
責任編輯　翁世勛
美術編輯　林鈺恆

出版者　培育文化事業有限公司
信箱　yungjiuh@ms45.hinet.net
地址　新北市汐止區大同路3段194號9樓之1
電話　（02）8647-3663
傳真　（02）8674-3660
劃撥帳號　18669219
CVS代理　美璟文化有限公司
TEL／(02)27239968
FAX／(02)27239668

總經銷：永續圖書有限公司

法律顧問　方圓法律事務所　涂成樞律師
出版日期　2019年02月

國家圖書館出版品預行編目資料

木曜日 : 物理化學常識知多少! / 李泰佑編著.
-- 初版. -- 新北市 : 培育文化, 民108.02
面 ;　公分. -- (萬識通 ; 10)
ISBN 978-986-96976-7-5(平裝)

1.物理化學 2.通俗作品

348　　107021762

※為保障您的權益，每一項資料請務必確實填寫，謝謝！

姓名		性別	□男　□女
生日	年　月　日	年齡	
住宅地址	郵遞區號□□□		
行動電話		E-mail	

學歷

□國小　□國中　□高中、高職　□專科、大學以上　□其他______

職業

□學生　□軍　□公　□教　□工　□商　□金融業
□資訊業　□服務業　□傳播業　□出版業　□自由業　□其他______

謝謝您購買 **木曜日：物理化學常識知多少！** 與我們一起分享讀完本書後的心得。務必留下您的基本資料及電子信箱，使用我們準備的免郵回函寄回，我們每月將抽出一百名回函讀者，寄出精美禮物以及享有生日當月購書優惠！想知道更多更即時的消息，歡迎加入"永續圖書粉絲團"

您也可以使用以下傳真電話或是掃描圖檔寄回本公司電子信箱，謝謝！

傳真電話：（02）8647-3660　電子信箱：yungjiuh@ms45.hinet.net

●請針對下列各項目為本書打分數，由高至低5～1分。

	5 4 3 2 1		5 4 3 2 1
1.內容題材	□□□□□	2.編排設計	□□□□□
3.封面設計	□□□□□	4.文字品質	□□□□□
5.圖片品質	□□□□□	6.裝訂印刷	□□□□□

●您購買此書的地點及店名______

●您為何會購買本書？

□被文案吸引　□喜歡封面設計　□親友推薦　□喜歡作者
□網站介紹　□其他______

●您認為什麼因素會影響您購買書籍的慾望？

□價格，並且合理定價是______　□內容文字有足夠吸引力
□作者的知名度　□是否為暢銷書籍　□封面設計、插、漫畫

●請寫下您對編輯部的期望及建議：

★請沿此線剪下傳真、掃描或寄回，謝謝您寶貴的建議！

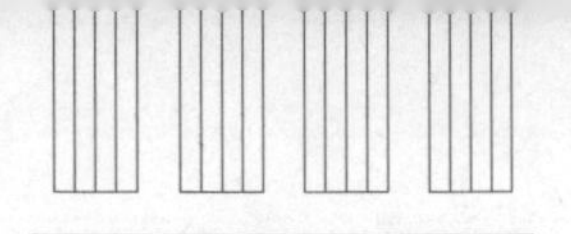

2 2 1 - 0 3

新北市汐止區大同路三段194號9樓之1

傳真電話：（02）8647-3660
E-mail：yungjiuh@ms45.hinet.net

廣 告 回 信
基隆郵局登記證
基隆廣字第200132號

培育

文化事業有限公司

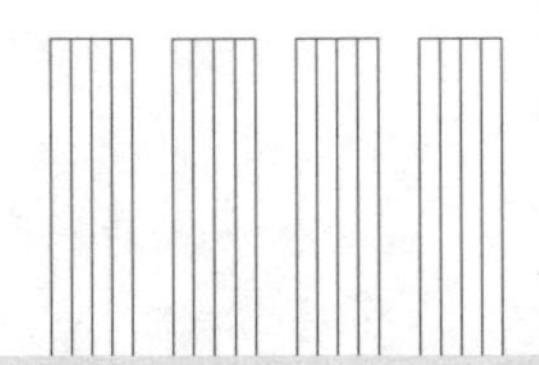

讀者專用回函

木曜日：物理化學常識知多少！

培養文化育智心靈的好選擇